U0620916

辉煌历程

庆祝新中国成立 60 周年重点书系

新中国科学技术发展历程

1949 — 2009

邓 楠 主编

中国科学技术出版社

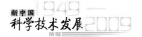

《新中国科学技术发展历程（1949-2009）》
编写组结构

编 委 会

主　　编 邓　楠

副 主 编 齐　让　张　勤

委　　员 王春法　崔建平　牛政斌　颜　实　吕建华

专家审定（以姓氏笔画为序）

卢　红　李　金　张新民　胡维佳　谢一冈

编 写 组（以姓氏笔画为序）

付万成　田如森　李丽亚　李博文

赵　晖　崔建平　颜　实

编 辑 组（以姓氏笔画为序）

付万成　吕建华　吕秀齐　许　英　许　慧

林　培　赵　晖　郑洪炜　胡　萍　颜　实

策划编辑 赵　晖　付万成

责任校对 林　华　刘红岩　张林娜

责任印制 张建农

在新的历史起点上再创辉煌

《辉煌历程——庆祝新中国成立60周年重点书系》总序

柳斌杰

　　1949年10月1日，中华人民共和国诞生了！中国人民从此站起来了，中华民族以崭新的姿态自立于世界民族之林！新中国成立以来的60年，是中国社会发生翻天覆地变化的60年，是中国共产党带领全国各族人民同心同德、奋勇向前、不断从胜利走向胜利的60年，是中华民族自强不息、顽强奋进、从贫穷落后走向繁荣富强的60年，是举国上下自力更生、艰苦奋斗，开创社会主义大业的60年。60年峥嵘岁月，60年沧桑巨变。当我们回顾60年奋斗业绩时，感到格外自豪：一个充满生机和活力的社会主义新中国正巍然屹立于世界的东方。

　　在新中国成立60周年之际，系统回顾和记录60年的辉煌历史，总结和升华60年的宝贵经验，对于我们进一步深刻领会和科学把握社会主义制度的优越性、党的领导的重要性，进一步增强民族自豪感，大力唱响共产党好、社会主义好、改革开放好、伟大祖国好、各族人民好的时代主旋律，高举中国特色社会主义伟大旗帜，坚定走中国特色社会主义道路的决心和信心，在新的历史起点继续坚持改革开放，深入推动科学发展，夺取全面建设小康社会新胜利、开创中国特色社会主义事业新局面，都有十分重要的意义。

一

　　中国走社会主义道路，是历史的选择，人民的选择，时代的选择。在相当长的历史时期内，中国是世界上一个强大的封建帝国。1840年鸦片战争以后，由于帝国主义列强的侵入，中国由一个独立的封建国家变为半殖民地半封

建的国家，中华民族沦落到苦难深重和任人宰割的境地。此时的中华民族面对着两大历史任务：一个是争取民族独立和人民解放，一个是实现国家繁荣富强和人民富裕；需要解决两大矛盾：一个是帝国主义和中华民族的矛盾，一个是封建主义和人民大众的矛盾。近代中国社会的主要矛盾和我们民族面对的历史任务，决定了近代中国必须进行反帝反封建的彻底的民主主义革命，只有这样才能赢得民族独立和人民解放，也才能开启国家富强和人民富裕之路。历史告诉我们，一方面，旧式的农民战争，封建统治阶级的"自强"、"求富"，不触动封建根基的维新变法，民族资产阶级领导的民主革命，以及照搬西方资本主义的其他种种方案，都不能完成救亡图存挽救民族危亡和反帝反封建的历史任务，都不能改变中国人民的悲惨命运，中国人民依然生活在贫穷、落后、分裂、动荡、混乱的苦难深渊中；另一方面，"帝国主义列强侵入中国的目的，决不是要把封建的中国变成资本主义的中国"，而是要把中国变成他们的殖民地。因此，中国必须选择一条适合中国国情的道路。"十月革命一声炮响，给我们送来了马克思列宁主义。十月革命帮助了全世界的也帮助了中国的先进分子，用无产阶级的宇宙观作为观察国家命运的工具，重新考虑自己的问题。走俄国人的路——这就是结论。"中国的工人阶级及其先锋队——中国共产党登上历史舞台后，中国革命的面貌才焕然一新。在新民主主义革命中，以毛泽东同志为代表的中国共产党人带领全党全国人民，经过长期奋斗，创造性地开辟了一条农村包围城市、武装夺取政权的革命道路，实现了马克思主义与中国实际相结合的第一次历史性飞跃，最终建立了伟大的中华人民共和国。从此，中国历史开始了新的纪元！

新中国成立初期，西方国家采取经济封锁、政治孤立、军事包围等手段打压中国，妄图把新中国扼杀在摇篮中。以毛泽东同志为核心的党的第一代中央领导集体，领导全国各族人民紧紧抓住恢复和发展生产这一中心环节，在继续完成民主革命遗留任务的同时，有步骤地实现从新民主主义到社会主义的转变，迅速恢复

了在旧中国遭到严重破坏的国民经济并开展了有计划的经济建设。从1953年到1956年，中国共产党领导全国各族人民有计划有步骤地完成了对农业、手工业和资本主义工商业的社会主义改造，实现了中国社会由新民主主义到社会主义的过渡和转变，在中国建立了社会主义基本制度。邓小平同志在《坚持四项基本原则》一文中，对中国为什么必须走社会主义道路作了明确的说明："只有社会主义才能救中国，这是中国人民从五四运动到现在六十年来的切身体验中得出的不可动摇的历史结论。中国离开社会主义就必然退回到半封建半殖民地。中国绝大多数人决不允许历史倒退。"

但是，探索社会主义道路是一个艰辛的过程。社会主义制度是人类历史上一种崭新的社会制度，代表着人类历史前进的方向。建设社会主义是前无古人的崭新事业，没有任何现成的经验可资借鉴，只能在实践中不断探索适合中国国情的社会主义发展道路。毛泽东同志很早就指出："我们对于社会主义时期的革命和建设，还有一个很大的盲目性，还有一个很大的未被认识的必然王国。"正是由于中国共产党人有这种认识，所以这种探索贯穿在社会主义建设的全过程。

在新中国成立之初，以毛泽东同志为主要代表的中国共产党人在深刻分析当时国内外形势和中国国情的基础上，开始了从"走俄国人的路"到"走自己的道路"的历史性探索。这表明中国共产党力图在中国自己的建设社会主义道路中打开一个新的局面，反映了曾长期遭受帝国主义列强欺凌的中国人民站立起来之后求强求富的强烈渴望。探索者的道路从来不是平坦的。到了50年代后期，党的指导思想开始出现"左"的偏差。特别是60年代中期，由于对国际和国内形势判断严重失误，"左"倾错误发展到极端，造成了延续十年之久的"文化大革命"。"文化大革命"的十年内乱，给我们党和国家带来了极其严重的创伤，国民经济濒临崩溃的边缘，人民生活十分困难。1976年我们党依靠自身的力量，粉碎了"四人帮"，结束了十年内乱，从危难中挽救了党，挽救了革命，使社会主义中国进入了新的历史发展时期。在邓

小平同志领导下和其他老一辈革命家支持下，党的十一届三中全会开始全面纠正"文化大革命"及其以前的"左"倾错误，冲破个人崇拜和"两个凡是"的束缚，重新确立了解放思想、实事求是的思想路线，果断停止了"以阶级斗争为纲"的错误方针，把党和国家的工作中心转移到经济建设上来，做出了实行改革开放的历史性决策。改革开放是党在新的时代条件下带领人民进行的新的伟大革命。从此以后，社会主义中国的历史掀开了新的一页。经济改革从农村到城市、从国有企业到其他各个行业势不可挡地展开，对外开放的大门从沿海到沿江沿边、从东部到中西部毅然决然地打开了，社会主义中国又重新焕发出了蓬勃的生机和活力。以党的十一届三中全会为标志进行了30多年的改革开放，巩固和完善了社会主义制度，为当代中国探索出了一条真正实现国家繁荣富强、人民共同富裕的正确道路。

二

新民主主义革命的胜利，社会主义基本制度的建立，实现了中国几千年来最伟大最广泛最深刻的社会变革，创造和奠定了新中国一切进步和发展的基础。中国是有着五千年历史的文明古国，但人民当家作主人，真正结束被压迫、被统治的命运，成为国家、社会和自己命运的主人，只是在中华人民共和国成立后才成为现实。在中国共产党的领导下，中国人民推翻了"三座大山"，夺取了新民主主义革命的胜利，真正实现了民族独立和人民解放；彻底结束了旧中国一盘散沙的局面，实现了国家的高度统一和各民族的空前团结；创造性地实现了从新民主主义到社会主义的转变，全面确立了社会主义的基本制度，使占世界人口四分之一的东方大国迈入了社会主义社会；建立了人民民主专政的国家政权，中国人民掌握了自己的命运，中国实现了从延续几千年的封建专制政治向人民民主政治的伟大跨越；建立了独立的、比较完整的国民经济体系，经济实力，综合国力显著增强，国际地位大幅度提高。社会主义给中国带来了翻天覆地的变化。

那么，面对与时俱进的世界，中国的社会主义建设如何在坚持中发展呢？这就要进行新

的探索，新的实践。胡锦涛同志在党的十七大报告中强调，"我们党正在带领全国各族人民进行的改革开放和社会主义现代化建设，是新中国成立以后我国社会主义建设伟大事业的继承和发展，是近代以来中国人民争取民族独立、实现国家富强伟大事业的继承和发展"。正是在改革开放的伟大实践中，中国共产党人开辟了中国特色社会主义道路。这是一条能够使民族振兴、国家富强、人民幸福、社会和谐的康庄大道，是当代中国发展进步和实现中华民族伟大复兴的唯一正确的道路。在当代中国，坚持中国特色社会主义道路，就是真正坚持社会主义。

"中国特色社会主义道路，就是在中国共产党的领导下，立足基本国情，以经济建设为中心，坚持四项基本原则，坚持改革开放，解放和发展社会生产力，巩固和完善社会主义制度，建设社会主义市场经济、社会主义民主政治、社会主义先进文化、社会主义和谐社会，建设富强民主文明和谐的社会主义现代化国家。"改革开放是中国的第二次革命，给我国带来了历史性的三大变化：一是中国人民的面貌发生了巨大变化，许多曾经长期窒息人们思想的旧的观念、陈腐的教条受到了巨大冲击，人们的思想得到了前所未有的大解放，解放思想、实事求是、与时俱进、开拓创新开始成为人们精神状态的主流。二是中国社会面貌发生了巨大变化，社会主义中国实现了从"以阶级斗争为纲"到以经济建设为中心、从封闭半封闭到改革开放、从高度集中的计划经济体制到充满活力的社会主义市场经济体制的伟大转折。我国获得了自近代以来从未有过的长期快速稳定发展，社会生产力大解放，社会财富快速增长，人民的生活水平实现了从温饱不足到总体小康的历史性跨越。满目疮痍、饱受欺凌、贫穷落后的中国已经变成政治稳定、经济发展、文化繁荣、社会和谐的社会主义中国。三是中国共产党的面貌发生了巨大变化，中国共产党重新确立了马克思主义的思想路线、政治路线和组织路线，在开辟中国特色社会主义伟大道路的过程中，在领导中国特色社会主义现代化进程中，始终把保持和发展党的先进性、提高党的

执政能力、转变党的执政方式、巩固党的执政基础作为党的建设的重点，实现了从革命党向执政党的彻底转变，成为始终走在时代前列的中国特色社会主义事业的坚强领导核心。

新中国成立60年来，特别是改革开放30多年来的伟大成就生动展现了我们党和国家的伟大力量，展现了13亿中国人民的力量，展现了中国特色社会主义事业的伟大力量。"中国特色社会主义道路之所以完全正确、之所以能够引领中国发展进步，关键在于我们既坚持了科学社会主义的基本原则，又根据我国实际和时代特征赋予其鲜明的中国特色。"胡锦涛同志在纪念党的十一届三中全会召开30周年大会上的重要讲话中强调："我们要始终坚持党的基本路线不动摇，做到思想上坚信不疑、行动上坚定不移，决不走封闭僵化的老路，也决不走改旗易帜的邪路，而是坚定不移地走中国特色社会主义道路。"

坚定不移地走中国特色社会主义道路，就必须牢牢把握和坚持中国共产党的领导这个根本，这也是我们走上成功之路的实践经验。中国共产党是中国工人阶级的先锋队，同时是中国人民和中华民族的先锋队，是中国特色社会主义事业的领导核心。自诞生之日起，中国共产党就自觉肩负起中华民族伟大复兴的庄严使命，带领中国人民经过艰苦卓绝的奋斗，取得了革命、建设和改革的一个又一个重大胜利。中国特色社会主义道路是中国共产党领导全国各族人民长期探索、不懈奋斗开拓的道路，党的领导是坚持走这条道路的根本政治保证和客观的内在要求。没有共产党，就没有新中国，就没有中国的繁荣富强和全国各族人民的幸福生活。

坚定不移地走中国特色社会主义道路，就必须牢牢把握和坚持解放思想、实事求是的思想路线，充分认识我国处于并将长期处于社会主义初级阶段的基本国情，深刻认识社会主义事业的长期性、艰巨性和复杂性。过去的一切失误，在很大程度上就是因为没有正确地认识中国的国情，离开或偏离了发展的实际。我们要牢记教训，一切从实际出发，一切要求真务实。

坚定不移地走中国特色社会主义道路，就必须牢牢把握和坚持"一个中心，两个基本点"

的基本路线。以经济建设为中心是兴国之要，是我们党和国家兴旺发达和长治久安的根本要求。四项基本原则是立国之本，是我们国家生存发展的政治基石。改革开放是决定当代中国命运的关键抉择，是发展中国特色社会主义、实现中华民族伟大复兴的必由之路。我们必须坚持改革开放不动摇，决不能走回头路。

中国特色社会主义事业是一项前无古人的创造性事业，是一项极其伟大、光荣而艰巨的事业。我们必须清醒地认识到，"我们的事业是面向未来的事业"，"实现全面建设小康社会的目标还需要继续奋斗十几年，基本实现现代化还需要继续奋斗几十年，巩固和发展社会主义制度则需要几代人、十几代人甚至几十代人坚持不懈地努力奋斗"。在新的国际国内形势和新的历史起点上，只要我们不动摇、不懈怠、不折腾，坚定不移地坚持中国特色社会主义道路，坚定不移地坚持党的基本理论、基本路线、基本纲领、基本经验，勇于变革、勇于创新，永不僵化、永不停滞，不为任何风险所惧，不被任何干扰所惑，就一定能凝聚力量，战胜一切艰难险阻，不断开创中国特色社会主义事业新局面。

三

把马克思主义基本原理同中国实际相结合，坚持科学理论的指导，坚定不移地走自己的路，这是马克思主义的本质要求，是中国共产党人在深刻把握马克思主义理论品质、清醒认识中国国情的基础上得出来的科学结论。毛泽东同志指出："认清中国社会的性质，就是说，认清中国的国情，乃是认清一切革命问题的基本的根据。"邓小平同志指出："马克思列宁主义的普遍真理与本国的具体实际相结合，这句话本身就是普遍真理。它包含两个方面，一方面叫普遍真理，另一方面叫结合本国实际。我们历来认为丢开任何一面都不行。"中国共产党之所以成功地领导了革命、建设和改革，就是因为以科学态度对待马克思主义，正确地贯彻马克思主义基本原理与中国具体实际相结合的原则，推动马克思主义中国化，并不断丰富和发展了马克思主义。

以毛泽东为主要代表的中国共产党人，创

造性地运用马克思主义的基本原理，认真总结中国革命胜利和失败的经验教训，重新认识中国国情，探讨中国革命的规律性，把马克思主义与中国革命的具体实践结合起来，提出了新民主主义理论，阐明了中国革命的一系列重大问题，实现了马克思主义和中国实际相结合的第一次历史性飞跃，产生了毛泽东思想这一马克思主义中国化的重要理论成果，引导中国革命不断走向胜利，完成了民族独立和人民解放的历史任务，创建了新中国，建立了社会主义制度。新中国成立初期，我们党在把马克思主义和中国实际相结合方面做得比较好，因而社会主义革命和建设都比较顺利，很快建立起了比较完备的社会主义工业体系和国民经济体系，显示了社会主义制度的优越性。

党的十一届三中全会之后的30多年，我们党紧紧围绕中国特色社会主义这个主题，在新的历史条件下继续推进马克思主义中国化，形成和发展了包括邓小平理论、"三个代表"重要思想以及科学发展观等重大战略思想在内的中国特色社会主义理论体系。以邓小平同志为主要代表的中国共产党人，开创了改革开放的伟大事业，并在总结当代社会主义正反两方面经验的基础上，在我国改革开放的崭新实践中，围绕着"什么是社会主义、怎样建设社会主义"这个基本问题，把马克思主义基本原理和中国社会主义现代化建设的实际相结合，系统地初步回答了在中国这样的经济文化比较落后的国家如何建设社会主义、如何巩固和发展社会主义的一系列基本问题，创立了邓小平理论，实现了马克思主义和中国实际相结合的又一次飞跃，奠定了中国特色社会主义理论体系的基础。党的十三届四中全会以后，以江泽民同志为主要代表的中国共产党人，在新的历史发展时期，把马克思主义的基本原理与当代中国实际和时代特征进一步结合起来，在建设中国特色社会主义新的实践中，进一步回答了什么是社会主义、怎样建设社会主义的问题，创造性地回答了在长期执政的历史条件下建设什么样的党、怎样建设党的问题，形成了"三个代表"重要思想，进一步丰富和发展了中国特色社会

主义理论体系。党的十六大以来，以胡锦涛同志为总书记的党中央，站在历史和时代的高度，继续把马克思主义基本原理与当代中国实际相结合，在推进中国特色社会主义的实践中，全面系统地继承和发展了马克思列宁主义、毛泽东思想、邓小平理论、"三个代表"重要思想关于发展的重要思想，依据我国仍处于并将长期处于社会主义初级阶段而又进到新的发展阶段这个现实，进一步回答了新世纪新阶段我国需要什么样的发展和怎样发展的重大问题，形成了科学发展观等重大战略思想，赋予中国特色社会主义理论体系以新的丰富内容。

胡锦涛同志在党的十七大报告中强调："改革开放以来我们取得一切成绩和进步的根本原因，归结起来就是：开辟了中国特色社会主义道路，形成了中国特色社会主义理论体系。高举中国特色社会主义伟大旗帜，最根本的就是要坚持这条道路和这个理论体系。"中国特色社会主义理论体系坚持和发展了马克思列宁主义、毛泽东思想，凝结了几代中国共产党人带领人民不懈探索实践的智慧和心血，是马克思主义中国化的最新成果，是党最可宝贵的政治和精神财富，是全国各族人民团结奋斗的共同思想基础。在当代中国，坚持中国特色社会主义理论体系，就是真正坚持马克思主义。只有坚持中国特色社会主义理论体系不动摇，才能坚持中国特色社会主义道路不动摇，才能真正做到高举中国特色社会主义伟大旗帜不动摇。

四

站在时代的高峰上回望我国波澜壮阔的奋斗之路，我们感慨万千。正如胡锦涛同志所指出的，"没有以毛泽东同志为核心的党的第一代中央领导集体团结带领全党全国各族人民浴血奋斗，就没有新中国，就没有中国社会主义制度。没有以邓小平同志为核心的党的第二代中央领导集体团结带领全党全国各族人民改革创新，就没有改革开放历史新时期，就没有中国特色社会主义"。"以江泽民同志为核心的党的第三代中央领导集体"，"团结带领全党全国各族人民高举邓小平理论伟大旗帜，继承和发

展了改革开放伟大事业，把这一伟大事业成功推向 21 世纪"。我们"要永远铭记党的三代中央领导集体的伟大历史功绩"。

新中国 60 年的辉煌历程充分证明，没有共产党就没有新中国，没有中国共产党的领导就没有国家的繁荣富强和全国各族人民的幸福生活，也就不会有社会主义现代化的中国。新中国 60 年的伟大成就充分证明，只有社会主义才能救中国，只有中国特色社会主义才能发展中国，只有走中国特色社会主义道路才能建设富强、民主、文明、和谐的社会主义现代化国家。新中国 60 年的宝贵经验充分证明，只要始终坚持马克思主义基本原理同中国具体实际相结合，在科学理论的指导下，不断丰富和发展中国特色社会主义理论体系，就能坚定不移地走自己的路。新中国 60 年特别是改革开放 30 多年的伟大实践昭示我们，中国的崛起是历史的必然，只要我们高举"一面旗帜"，坚持"一条道路"，在新的历史起点继续推进改革开放的伟大事业，不断开创中国特色社会主义事业新局面，当代中国、整个中华民族，就一定能走向繁荣富强和共同富裕的康庄大道。

庆祝新中国成立 60 周年，是今年党和国家政治生活中的一件大事。新中国 60 年的辉煌历程、伟大成就和宝贵经验，蕴含着丰富的教育资源，是进行爱国主义教育的生动教材。深入挖掘、整理、创作、出版有关纪念新中国成立 60 年的作品，是出版界义不容辞的责任和光荣使命。为隆重庆祝新中国成立 60 周年，中共中央宣传部、新闻出版总署组织出版了《辉煌历程——庆祝新中国成立 60 周年重点书系》，目的在于充分展示新中国成立 60 年来翻天覆地的变化，充分展示中国共产党领导全国各族人民在革命、建设、改革中取得的伟大成就，深刻总结新中国 60 年的宝贵经验，努力探索人类社会发展规律、社会主义建设规律、中国共产党的执政规律；宣传中国特色社会主义，宣传中国特色社会主义理论体系，进一步坚定走中国特色社会主义道路的决心和信心；大力唱响共产党好、社会主义好、改革开放好、伟大祖国好、各族人民好的时代主旋律，不断巩固全党全国各族人民团结奋斗的共同思想基础；为在新形势下继续解放思想、坚持改革开放、推动科学发展、促进社会和谐营造良好氛围，激励和鼓舞全党全国各族人民更加紧密地团结在以胡锦涛同志为总书记的党中央周围，高举中国特色社会主义伟大旗帜，为开创中国特色社会主义事业新局面、夺取全面建设小康社会新胜利、谱写人民美好生活新篇章而努力奋斗。

该书系客观记录了新中国 60 年波澜壮阔的伟大实践，全面展示了新中国 60 年来社会主义中国、中国人民和中国共产党的面貌所发生的深刻变化，深刻总结了马克思主义中国化的宝贵经验，生动宣传了新中国 60 年来我国各方面所取得的伟大成就及社会主义中国对人类社会发展进步所做出的伟大贡献。该书系所记录的新中国 60 年的奋斗业绩和伟大实践，所载入的以爱国主义为核心的民族精神和以改革创新为核心的时代精神，都将永远激励我们沿着中国特色社会主义道路奋勇前进。

目 录

1 前言

5 第一章　奠定新中国科技事业的基础

6 百废待兴　走向新纪元

9 建立基础科研体系

12 尖端技术的兴起

14 第二章　向科学进军

16 重点发展　迎头赶上——《十二年科技规划》的实施

17 1 国家工业化、国防现代化科技开发取得成果

23 2 实施中国自然条件和资源的调查

26 3 取得工业建设重大技术问题突破

37 4 解决农业建设的有关问题

40 5 促成医疗保健方面取得长足进步

43 6 支持基础科学研究全面发展

52 自力更生　迎头赶上——《十年科技规划》的实施

52 1 农业科学技术成就

55 2 工业科学技术成就

58 3 资源调查成就

60 4 医学科学技术成就

65 5 1964年北京科学讨论会

67 6 技术科学领域成就

69 7 基础科学领域成就

71 "两弹一星"的辉煌

74 第三章　科学的春天

76 科学春天的到来

78 1 邓小平南巡讲话

78 2 建立经济特区

81 3 乡镇企业兴起

82 全面安排　突出重点——《八年科技规划纲要》的实施

82 1 出台的科学计划和相关工作

85 2 科学技术研究的主要任务实施情况

104 3 工业科学技术领域取得的成果

108 4 新技术和基础理论研究领域取得的成果

113 面向　依靠　攀高峰——《十五年科技规划》的实施

113 1 出台的国家科技计划和相关工作

119 2 高科技的研究与发展

128 3 应用科技基础研究

131　4 提高西部地区科技创新能力

134　科学技术是第一生产力——《纲领》和《纲要》的实施

134　1 国家中长期科学和技术发展纲领

140　2 中长期科学和技术发展纲要

145　继续坚持"面向、依靠"的战略方针——《十年规划和"八五"计划纲要》的实施

145　1 出台的国家科学计划和相关工作

147　2 20 世纪 90 年代科学技术的主要任务

158　第四章　"科教兴国"的战略决策

160　全面落实"科教兴国"战略——《科技发展"九五"计划和到 2010 年长期规划纲要》的实施

160　1 出台的科学计划和相关工作

164　2 科技进步促进农业增产成果

166　3 科技进步促进工业发展成果

173　全面落实"创新和产业化"方针——《"十五"科技发展规划》的实施

173　1 出台的国家科学计划和相关工作

174　2 集中资源、抢占制高点，实现跨越式发展

188　3 立足科学发展观　坚持可持续发展战略

196　4 积极开展高层次国际交流活动

198　第五章　建设创新型国家

200　自主创新　重点跨越　支撑发展　引领未来——《国家中长期发展纲要》的实施

200　1 建立科技创新体系　加快科技发展进程

202　2 创造自主创新环境　推动企业技术创新

206　全面落实科学发展观　保证最广大人民的根本利益
　　　——《国家"十一五"科技发展规划》实施

206　1 落实科学发展观　引领高新技术可持续发展

212　2 瞄准战略目标　立足国家经济和社会紧迫需要

225　3 基础科学研究发展　不断揭示宇宙的奥秘

237　4 实施《科学素质纲要》　推动公民科学素质建设

244　第六章　国家科学技术奖

245　国家科学技术奖的由来

246　国家科学技术奖五大奖项

246　1 最高科学技术奖

252　2 自然科学奖

252　3 技术发明奖

252　4 科学技术进步奖

252　5 国际科学技术合作奖

新中国
科学技术发展
历程

中华民族是一个发明和创造的民族，中国古代先贤们创造的辉煌科技成就，不仅在人类文明史上写下了浓墨重彩的一笔，而且为现代世界文明的产生和传播作出过巨大的贡献。近代科学在西方产生后，以此武装起来的西方列强依仗船坚炮利，使近代中国陷入备受欺凌的窘迫境地，也由此激发出中华民族追求科学与民主、坚持自强自立、努力建设现代化国家的强大动力。1949年新中国成立后，我们党坚持"努力发展自然科学，以服务于工业农业和国防的建设"的指导方针，先后发布9个中长期科学技术规划，根据我国社会主义建设事业发展的需要，适时调整科学技术发展的战略、方针、政策和重点任务，促进科学技术与经济社会的协调发展，科技人员队伍不断发展壮大，科学研究力量从弱到强，逐步形成了具有鲜明中国特色、适应中国现代化建设需要的科学技术体系，创造了一个又一个的科技奇迹，在一些重要学科领域达到世界领先水平。

新中国建立初期，我国的科学技术发展与世界先进水平存在巨大差距。在党中央的高度重视和亲切关怀下，我们在1949年12月就组建了中国科学院，次年又召开中华全国自然科学工作者代表会议，并通过整合和组建中央部门及地方各级科研机构，开展高等学校的科研工作，初步形成了新中国科学技术研究的组织体系。为迅速改变中国经济和科学文化上的落后状况，中央于1956年召开知识分子问题会议，发出"向现代科学进军"的号召，周恩来总理代表党中央作了大会主题报告——《关于知识分子

1

问题的报告》，明确指出科学是关系到我们的国防、经济和文化各方面的有决定性的因素。毛泽东主席在闭幕大会上作重要讲话，强调中国应该有大批知识分子，全党要努力学习科学知识，为迅速赶上世界先进科学水平而奋斗。根据会议精神，国务院迅速组织制订了中国第一个科学技术发展远景规划（即著名的"十二年规划"），确定了"重点发展，迎头赶上"的战略方针。"十二年规划"的成功实施，初步奠定了新中国科学技术发展的重要基础，推动形成了切合中国实际的科技研究体系，在新中国科学技术发展史上具有重要的地位，影响极为深远。由于原定 1967 年完成的"十二年规划"提前完成，党和政府又于 1963 年制订了新中国第二个科技发展规划，提出了"自力更生，迎头赶上"的科技工作指导方针，真实反映了 1957 年的"反右"、1958 年的"大跃进"及苏联撕毁科技合作协议等重大波折后，中国科技工作者依靠自己的力量发展科学技术的意志和信心。正是在这个方针的指导下，我们取得了包括"两弹一星"在内的一系列辉煌成就，成为名副其实的世界大国。不幸的是，1966 年开始的十年"文化大革命"，严重破坏了正在蓬勃发展的科学技术事业，科研队伍和科研机构蒙受巨大损失，我国与世界先进水平的差距被拉大了。

1978 年 3 月召开的全国科学大会，为新中国的科技事业发展迎来了春天。这是科学的春天，也是人民的春天。邓小平同志在大会上发表重要讲话，旗帜鲜明地提出四个现代化关键是科学技术现代化、科学技术是生产力、知识分子是工人阶级的一部分等重要论断，突出强调科学技术在经济社会发展中的重要地位，

强调科技工作者在科技活动中的主体地位，强调要尊重知识、尊重人才，从而在根本上解决了知识分子的工人阶级属性问题，科学回答了科技发展依靠谁、如何依靠等一系列重大理论问题，为制定和实施正确的科技工作者政策奠定了坚实的思想基础和理论基础。党的十一届三中全会实现拨乱反正后，我国进入了改革开放的新时期，党的工作重心逐步转移到社会主义现代化建设上来，中国科学技术事业也迎来了发展的新时期。1985 年党中央发布实施的《关于科技体制改革的决定》，全面启动了中国科技体制改革的伟大进程。

1988 年，邓小平同志以巨大的理论勇气进一步提出科学技术是第一生产力，并在 1992 年南巡讲话中指出：革命是解放生产力，改革也是解放生产力。改革开放的胆子要大一些，敢于试验，看准了的，就大胆地试，大胆地闯。要提倡科学，靠科学才有希望。这是邓小平同志在和平与发展已经成为时代主题的历史条件下，正确把握我国现实社会的历史方位和主要矛盾，站在时代的高度，从中国实际出发，深刻总结十多年改革开放的经验教训，对中国改革发展的一系列重大理论和实践问题提出的新思路，从根本上解决了立国之本、强国之路、兴国之要这样一些带有根本性的突出问题，大大推进了中国特色社会主义理论建设，为我国科技事业的发展开辟了无尽的空间。

党的十三届四中全会以后，以江泽民同志为代表的中国共产党人，坚持把马克思主义基本原理与当代实际和时代特征相结合，继承和创新了邓小平同志关于科学技术是第一生产力的重要理论观点，进一步提出并大力实施科教兴国战略。其基本内容是：坚持把教育放在

优先发展的战略地位。教育不仅为经济发展提供人力资源的基础，而且为科学技术的积累、创新与转化为现实生产力提供基本的人才和智力保证。教育与科技相结合，是提高国民和劳动力素质、培养专门人才、加速科技进步，从而促进国民经济发展和社会全面进步的根本途径，是实现我国跨世纪现代化宏伟目标的必要条件。科教兴国战略是以江泽民同志为核心的第三代中央领导集体，面对国际经济科技竞争日益激烈的新形势，为实现我国跨世纪宏伟蓝图而制定的重要方针和基本国策，是对社会主义现代化的发展道路和发展动力的科学性选择，也是我国社会和经济发展理论的一个重大创新。

党的十六大以来，以胡锦涛同志为总书记的党中央，抓住机遇，应对挑战，立足新世纪中国改革开放和现代化建设的关键问题，在推动科学技术事业发展方面提出了一系列重要思想，作出一系列重大战略部署，2006年1月，党中央、国务院召开新世纪第一次全国科学技术大会，作出增强自主创新能力、建设创新型国家的重大战略决策，强调指出：建设创新型国家，核心就是把增强自主创新能力作为发展科学技术的战略基点，走出中国特色的自主创新道路，推动科学技术的跨越式发展；就是把增强自主创新能力作为调整产业结构、转变增长方式的中心环节，建设资源节约型、环境友好型社会，推动国民经济又快又好发展；就是把增强自主创新能力作为国家战略，贯穿到现代化建设各个方面，激发全民族创新精神，培养高水平创新人才，形成有利于自主创新的体制机制，大力推进理论创新、制度创新、科技创新，不断巩固和发展

中国特色社会主义伟大事业。2006年2月，国务院进一步发布实施《全民科学素质行动计划纲要》，明确把普及科学技术、提高全民科学素质作为国家的长期任务和全社会的共同任务，反映了党和政府坚持以人为本、落实科学发展观、培育全社会创新精神、让科技成果惠及全体人民的坚定意志，也反映了广大人民群众获取和运用科技知识、实现全面发展的强烈愿望。在2008年12月召开的纪念中国科协成立50周年大会上，胡锦涛总书记发表重要讲话，希望广大科技工作者要大力增强自主创新能力，积极为勇攀科技高峰作出新贡献；大力普及科学技术，积极为提高全民族素质作出新贡献；大力加强决策咨询，积极为推进决策科学化、民主化作出新贡献；大力发扬优良传统，积极为社会主义核心价值体系建设作出新贡献。这四点殷切希望，既是对广大科技工作者坚持走中国特色自主创新道路、正确履行社会职责提出的明确要求，也为科协组织服务科技工作者指明了方向。

60年不懈奋斗，60年沧桑巨变。在新中国成立以来的辉煌岁月里，我国科学技术同其他领域一样取得了一系列震烁古今的伟大成就，新中国的科技发展令世人瞩目，令国人自豪：

——国防科技事业的飞速发展为增强我国综合国力提供了坚强后盾。1964年10月，中国第一颗原子弹成功爆炸；1967年6月17日中国第一颗氢弹的蘑菇云在西部升起；1970年4月24日，我国成功发射第一颗人造地球卫星——东方红一号。特别是党的十一届三中全会以来，在党中央、国务院的正确领导下，我们空间技术飞速发展，遥感卫星多次发射、回收成功；静止通信卫星发射、定点成功；极轨气象卫星发射成功；2003年10月

15 日，神舟五号载人飞船发射成功，中国航天员杨利伟遨游太空 14 圈后安全返回地面；2008 年，中国神舟七号载人飞船飞行圆满成功，中国宇航员首次进行了出舱活动，标志着我国空间技术在许多重要领域达到了世界水平，表明我们已经走出了一条适合我国国情、具有中国特色的空间科技发展之路。

——民用科技的迅速发展为我国经济腾飞提供了重要支撑。1973 年，以袁隆平为首的科研团队成功培育出籼型杂交水稻，为粮食大面积增产发挥了重要作用，取得了巨大的经济效益和社会效益，为解决中国的温饱问题作出了卓越贡献，袁隆平被誉为"杂交水稻之父"。20 世纪 80 年代以来，面对世界高技术蓬勃发展、国际竞争激烈的严峻形势，党中央、国务院及时采纳王大珩、王淦昌、杨嘉墀、陈芳允四位著名科学家的建议，制订实施国家高技术研究发展计划即"863"计划，跟踪和赶超世界先进水平，为提升我国产业技术水平、推进产业结构调整发挥了重要的支撑作用，发展高科技、实现产业化成为响彻大江南北的时代强音。

——基础研究的累累硕果使我国迅速向世界科技大国迈进。据统计，2007 年我国国内科技论文发表量达 46.3 万篇。SCI 收录中国内地论文 8.91 万篇，居世界第五位。EI 收录我国科技论文 7.6 万篇，排名居世界第一。ISTP 收录我国科技论文 4.3 万篇，排名居世界第二。1998 年至 2008 年（截至 2008 年 8 月）间，我国科技人员共发表 SCI 论文 57.35 万篇，排名世界第五；论文被引用 265 万次，排名世界第十。某种意义上可以说，中国科技发展已经进入了一个重要的跃升期。

——不断改善的科研基础条件为我国科技腾飞插上了翅膀。2008 年，全国 R&D 支出达 4570 亿元，占 GDP 的 1.52%，其中基础研究经费 200 亿元。研究开发投入大幅度增加的结果，是我国科研基础设施明显改善，许多试验设备水平居于世界一流。到 2008 年底，我国共有 220 个国家重点实验室，6 个国家试点实验室，形成了覆盖大部分基础研究重点学科领域的实验体系和包括研究实验基地、大型科学仪器、自然科技资源、科学数据、科技文献在内的较为完备的科技基础条件体系。

——持续壮大的科技人才队伍为我国科技事业发展奠定了最为深厚的社会基础。据测算，截至 2007 年底，我国科技人力资源总量已达 5160 万人，真正成为科技人力资源大国。科技人力资源的主体，是 20 世纪 80 年代之后培养的，其中 40 岁以下的人群约为 3700 万人，占科技人力资源总量的 2/3 以上。科技工作者的科研条件和精神状态发生了根本性变化。

科技发展是经济社会发展的一个重要方面，科技水平和创新能力是一个国家综合国力的体现。新中国成立 60 年取得的辉煌科技成就，是中国共产党领导中国人民艰苦奋斗、开拓创新的结果，也是社会主义制度优越性的体现。创造这些成果的广大科技工作者不愧为中华民族的优秀儿女，不愧为先进生产力的开拓者和先进文化的传播者。在新时期新形势下，我们坚信，在党中央的正确领导下，在科学发展观的正确指引下，我们一定能够走出一条中国特色的自主创新之路，自强不息的中国人民必将以自主创新的辉煌成就而屹立于世界之林。21 世纪必将是中华民族实现伟大复兴之世纪，我们的伟大祖国明天会更美好！

第一章 奠定新中国科技事业的基础

1949年10月1日，毛泽东主席在天安门城楼上庄严宣告：中华人民共和国中央人民政府成立。

　　1949年10月1日，中华人民共和国成立，标志着一个旧时代的结束和新时代的开始，中国的科学技术发展也进入了一个崭新的时期，并由此揭开了发展的新篇章。

　　新中国成立伊始，在中国共产党的领导下，开始了大规模的恢复和建设，伴随着国家经济建设和发展目标，我国科技事业也在党和政府的领导下开始进行有组织、有系统的恢复和建设。国家首先从基础工作开始，批准建立了中国科学院，召开了第一次全国自然科学工作者代表大会，对科研机构进行调整和扩充，组建起了新中国自己的科技队伍。

百废待兴 走向新纪元

新中国科学技术发展历程（1949—2009）

新中国成立伊始，在中国共产党的领导下，中国人民开始了大规模的国民经济的恢复和建设。在旧中国，由于政治腐败、经济萧条、战乱频繁，国家的科学技术得不到应有的重视和发展。另外，旧中国已有科技事业也是机构残缺、人员不足、经济拮据、环境恶劣，与世界先进水平有很大差距。中国共产党清醒地认识到，新中国的科技事业必须有组织、有系统地恢复和建设。为此，新中国成立后，中国共产党立即把发展科学技术纳入党和人民政府的坚强领导之下，开始着手改变旧中国的衰败状况，力求使科学技术走上正常发展轨道。我国从此开始了科学技术发展的新纪元。

上图：1949 年 11 月 1 日，中国科学院正式成立，郭沫若任第一任院长。

下图：新中国成立之初的中国科学院院部

中国科学院正式成立

　　1949年10月17日，中央人民政府委员会第三次会议任命郭沫若为中国科学院第一任院长，陈伯达、李四光、陶孟和、竺可桢为副院长。1949年11月1日，根据《中华人民共和国中央人民政府组织法》第十八条，正式成立中国科学院，直属政务院领导。国家最初赋予中国科学院两个职能：一是以新中国经济发展为目标开展学术活动；二是负责行使管理自然科学和社会科学一切事的行政职能。1950年，提出我国科学工作的总方针："发展科学的思想以肃清落后的和反动的思想，培养健全的科学人才和国家建设人才，力求学术研究与实际需要的紧密配合，使科学能够真正服务于国家的工业、农业、国防建设、保健和人民文化生活。"

吴有训（1897—1977）
核物理学家，中国科学院学部委员。

王淦昌（1907—1998）
核物理学家，中国科学院学部委员（院士）。

中国科学院应用物理所成立

　　中国科学院物理研究所前身是成立于1928年的中央研究院物理研究所和成立于1929年的北平研究院物理研究所。1950年5月，在两所合并的基础上成立了以吴有训、王淦昌、赵忠尧、钱三强、何泽慧为骨干的中国科学院应用物理研究所。1958年更名为中国科学院物理研究所。

赵忠尧（1902—1998）
核物理学家，中国科学院学部委员（院士）。

钱三强（1913—1992）
核物理学家，中国科学院学部委员（院士）。

何泽慧（1914— ）
核物理学家，中国科学院学部委员（院士）。

中国科学院学部成立大会在京召开

新中国成立后，中国科学院便开始酝酿建立学部制。1954年，中科院开始筹备建立物理学数学化学部、生物学地学部、技术科学部和哲学社会科学部，其中自然科学方面共推选出172名科学家为学部委员。1955年6月1～10日，在北京召开中国科学院学部成立大会，宣布正式成立学部。

中国科学院在京举行第一次扩大会议

1950年6月20～26日，中国科学院在京举行第一次扩大院务会议。到会百余人，郭沫若、李四光、陶孟和、竺可桢分别作了关于方针任务、思想改造、条例规程、半年工作的报告。

经对前中央研究院24个单位接管、合并、调整，决定建立中国科学院13个研究所、1台、1馆。其中气象、地磁、地震等部分合并建成地球物理研究所，对外称地球物理和气象研究所。建所时有四个研究组：天气、物探、地震、地磁组，天气组由叶笃正负责。

上图：1955年6月1日，中国科学院学部成立大会在北京开幕。
下图：在中国科学院学部成立大会上，院长郭沫若致开幕词。

新中国在科学技术基础十分薄弱的条件下，经过六年的初期建设，建立起一支以中国科学院为主要力量的科学研究队伍，初步形成了由中国科学院、高等院校、产业部门、地方科研机构四个方面组成的科学技术体系。在中国共产党的领导下，经过我国科研人员的艰苦奋斗，各门基础学科在原有的水平上有了提高，不但解决了国民经济发展中的一些关键问题，也为今后国民经济发展中大量的关键问题打下了坚实的基础，初步形成了门类比较齐全的基础科研体系。特别是一大批从国外归来的科学前辈们带来世界科技前沿的信息，奠定了中国科学的基础。

建立基础科研体系

周培源(1902 — 1993)，流体力学家、理论物理学家、教育家和社会活动家，中国科学院学部委员（院士）。

张文裕发现 μ 介子—原子

1949 年，张文裕在美国普林顿大学工作期间，发现了带负电荷的慢 μ 介子，在与原子核作用时，会形成 μ 介子—原子，并产生电辐射。因此，μ 介子—原子被命名为"张原子"，它的辐射线被命名为"张辐射"。所谓 μ 介子—原子，是一种由负介子代替电子沿定态轨道绕核旋转所形成的新型原子，也称为"奇异原子"或"广义原子"。μ 介子是质量介于电子和质子之间的一种基本粒子，根据所带的电荷又分为正 μ 介子、负 μ 介子和中性 μ 介子3种。由于 μ 介子有轻子性质，为此人们把它称为 μ 子。张文裕教授发现 μ 介子—原子之后，一些科学家又发现了其他介子和超子也会形成奇异原子。这些发现对研究物质形态、性质和结构有着重要的价值，同时也导致从20世纪70年代后期介子物理学的兴起。

张文裕(1910 — 1992)，是我国宇宙线研究和高能实验物理的开创人之一，中国科学院学部委员（院士）。

周培源开创理论力学研究

周培源在学术上的成就，主要为物理学基础理论的两个重要方面：爱因斯坦广义相对论中的引力论、流体力学中的湍流理论的研究。在广义相对论方面，周培源一直致力于求解引力场方程的确定解，并应用于宇宙论的研究。在湍流理论方面，20世纪30年代初，他认识到湍流场和边界条件关系密切，后来参照广义相对论中把质量作为积分常数的处理方法，求出了雷诺应力等所满足的微分方程。50年代，他利用一个比较简单的轴对称涡旋模型作为湍流元的物理图像来说明均匀各向同性的湍流运动，并根据对均匀各向同性的湍流运动的研究，分别求得在湍流衰变后期和初期的二元速度关联函数、三元速度关联函数。之后，他又进一步用"准相似性"概念将衰变初期和后期的相似条件统一为一个确定解的物理条件，并为实验所证实。从而在国际上第一次由实验确定了从衰变初期到后期的湍流能量衰变规律和泰勒湍流微尺度扩散规律的理论结果。

吴仲华创立叶轮机械三元流动理论

吴仲华1944年赴美留学，在美国麻省理工学院攻读的是以研究飞机为主的工程热物理学，毕业以后，进入了美国航空咨询委员会的发动机研究所进行研究工作。经过3年多的研究，吴仲华于1950年在美国机械工程学会的讲台上宣读了他的论文《轴流、径流和混流是亚声速与超声速叶轮机械三元流动的普遍理论》。叶轮机械三元流动理论，把叶轮内部的三元立体空间无限地分割，通过对叶轮流道内各工作点的分析，建立起完整、真实的叶轮内流体流动的数学模型。依据三元流动理论设计出来的叶片形状为不规则曲面形状，叶轮叶片结构可适应流体的真实状态，能够控制内部全部流体质点的速度分布。因此，运用叶轮机械三元流动理论设计的叶轮，装在水泵内，可显著提高水泵运行效率。令人自豪的是，美国的波音747和三星号飞机是当时最大的宽机身民航机，它们能呼啸长空，就是根据吴仲华的"叶轮机械三元流动理论"制造的。1954年8月1日吴仲华回国，随后担任了清华大学动力机械系副主任的职务，在他主持下，开办了新中国第一个燃气轮机专业，为祖国培养了许多优秀科学人才。

吴仲华（1917—1992），中国工程热物理学家和航空发动机专家，中国科学院学部委员（院士）。

根据吴仲华的"叶轮机械三元流动理论"，美国设计出波音747的发动机。

黄昆创立极化激元理论

1951年黄昆创立了极化激元理论，是中国固体物理学先驱和半导体技术的奠基人。他于1951年提出黄昆方程，首次提出了光子与横光学声子相互耦合形成新的元激发——极化激元，后来为实验所证实。为国际上所公认的声子极化激元概念的首先提出者。黄昆的名字是与多声子跃迁理论、X光漫散射理论、晶格振动长波唯象方程、半导体超晶格光学声子模型联系在一起的。他致力于凝聚态物理的科学研究和教育，以勤奋、严谨、严于律己和诲人不倦而著称。为国家培养了一大批中国物理学家和半导体技术专家。

钱学森开创工程控制论

第二次世界大战结束后，钱学森对于迅速发展起来的控制与制导工程技术，曾作过深入观察与研究。钱学森曾对制导控制系统进行研究，并取得了一定的进展，成为此类研究工作的先驱。钱学森将维纳控制论的思想引入自己熟悉的航空航天领域的导航与制导系统，从而形成一门新学科：工程控制论。1954年，钱学森的名著《工程控制论》在美国出版，他以技术科学的观点，将各种工程技术系统的技术总结提炼为一般性理论。《工程控制论》的问世，很快引起了美国科学界乃至世界科学界的关注。科学界认为，《工程控制论》是这一领域的奠基式的著作，是维纳控制论之后的又一个辉煌的成就。《工程控制论》赢得了国际声誉，并相继被译为俄文、德文、中文等多种文字。20世纪50年代初，他将控制论发展成为一门新的技术科学——工程控制论，为导弹与航天器的制导理论提供了基础。他把中国导弹武器和航天器系统的研制经验，提炼成为系统工程理论，应用于军事运筹和社会经济问题，成功地推进了作战模拟技术和社会经济系统工程在中国的发展。

黄昆（1919—2005），物理学家、教育家，中国科学院学部委员（院士）。

钱学森（1911— ），物理学家，世界著名火箭专家，中国科学院学部委员（院士），中国工程院院士。

尖端技术的兴起

新中国成立后，在广泛开展基础研究的同时，集中力量发展新兴尖端技术，在短短的几年里，使我国新兴尖端技术从无到有，有了长足的进步。这些新技术虽然是初步的和基础性的，但前进的步伐是坚定的、有力的，它标志着新中国科学技术事业开始走上健康的发展道路，预示着中国即将进入科技发展的新时代。

建立宇宙线实验室

1952 年 10～11 月，王淦昌与肖健共同领导筹建位于云南落雪山海拔 3185 米处的中国第一个高山宇宙线实验室。在他们领导下，先后在高山实验室安装了由赵忠尧从美国带回来的多板云室和自行设计建造的磁云室。1954 年建成，开始观察宇宙线与物质相互作用。在 1954—1964 年间，该站进行的主要研究工作为：① 对 700 多个 $\Lambda^0 K^0_S (\theta_0)$ 介子事列进行了全面分析。②能区在 30～200GeV 的宇宙线粒子与轻原子核作用中次级粒子以 $X = \log \gamma^0 \tan \theta^i$ 为变量的微分角分布存在双峰现象，对两心火球模型是很好的支持。在重原子核作用中，次级粒子的平均横动量 $\langle P_t \rangle = 0.37$GeV/c，比核子与核子作用时 $\langle P_t \rangle = 0.30$GeV/c 略大。③研究了宇宙线粒子的电磁簇射现象和高能电子直接产生电子对的截面。

我国最早的宇宙线野外实验站是 1954 年建于云南东川的落雪实验室，以奇异粒子和高能核作用为研究方向，以传统的云雾室为观测手段，取得了不少成果，为核工业奠定了基础。

华罗庚率主持开展计算机研究工作

当冯·诺依曼开创性地提出并着手设计存储程序通用电子计算机EDVAC时，正在美国普林斯顿大学工作的华罗庚教授参观过他的实验室，并经常与他讨论有关学术问题，华罗庚教授1950年回国，1952年在全国大学院系调整时，他从清华大学电机系物色了闵乃大、夏培肃和王传英三位科研人员在他任所长的中国科学院数学所内建立了中国第一个电子计算机科研小组。1956年筹建中科院计算技术研究所时，华罗庚教授担任筹备委员会主任。

初教–5 试飞成功

初教–5教练机是我国第一种自行制造的初级教练机，它的原型为苏联雅克–18教练机。该机机身由合金钢管焊接成骨架，呈构架式机身骨架。机身前段及发动机整流罩为铝合金蒙皮，机身后半段由布质蒙皮覆盖。机翼由梯形外翼和矩形中翼组成。中翼为全金属结构，由2根大梁、8根翼肋等组成，中翼中装有2个容量为75升的油箱。中翼与机身框架连接。外翼与尾翼的前缘、梁、翼肋等用铝合金制作；布质蒙皮。发动机选用工作可靠、使用方便的M–11FP5缸气冷式活塞发动机。后三点式起落架，主轮半埋状收入中翼，尾轮固定不可收。纵列式密封座舱具有良好的视野。机上装有无线电收报机和机内通话设备。1954年7月11日，中国第一架初教–5试飞成功。

1954年7月11日，中国第一架初教–5试飞成功。

1952年，华罗庚领导科研人员率先进行了计算机的研究工作。

第二章
向科学进军

从20世纪40年代中期到50年代中期的十年,是世界科学技术发展突飞猛进的时期,也是新技术革命迅速发展时期。其代表标志领域:一是核技术,核能的和平利用刚刚开始;二是1947年美国在费城制造出第一台电子计算机,它的出现改变了人们对机器的认识,长时间以来,机器仅替代人的体力劳动,从计算机出现以后,可以说是人脑的部分的扩展;三是集成电路、半导体的出现,后来才有信息技术的发展;四是1957年5月,苏联第一颗人造卫星上天,人类第一次有了脱离地球的可能。这四项技术领域在当时的突破,代表了20世纪中期世界的科学技术发展变化。

新中国成立了,但在经济上仍然是贫穷落后的,用科学技术迅速改变自己的国际地位成为历史的必然选择。1956年1月25日,毛泽东主席在最高国务会议的讲话中指出:"我国人民应有一个远大的规划,要在几十年内,努力改变我国在经济上和科学文化上的落后状况,迅速达到世界上的先进水平。"在这次会议上,毛泽东主席还提出科学、文艺事业要实行"百花齐放、百家争鸣"方针。

1956年，毛泽东、周恩来、朱德、陈云、邓小平、聂荣臻等接见参加全国科学规划委员会扩大会议的代表。这次会议讨论制订科学技术发展远景规划问题。

1956年1月30日，周恩来总理在全国政协二届二次会议的政治报告中提出"向现代科学技术大进军"的号召。同年的4月份，为了迎接世界的技术革命，党中央国务院制订了《1956—1967年科学技术发展远景规划》（简称《十二年科技规划》）。在《十二年科技规划》的指导下，经过我国科研人员顽强拼搏，我国的科技事业发生了根本的变化，并获得蓬勃发展。

然而，这一时期由于受苏联撤走专家和"文化大革命"的影响，中国的科技事业的发展经历了大起大落。但"向科学进军"仍是这一阶段中国科技事业发展最具代表意义的时代强音。特别是"两弹一星"的试验成功，是这一阶段中国科技发展最辉煌的成就，体现了新中国发展科学技术的能力和水平。

重点发展 迎头赶上

——《十二年科技规划》的实施

新中国刚建立不久，百废待举；战争的威胁并没有解除，同时帝国主义对我国进行核讹诈；国家经济建设刚刚恢复，状况并不是很好，为了迅速发展国家经济，适应国际斗争形势，我国必须自强不息。1956年在周恩来总理的领导下，国务院成立了规划委员会，调集了几百名各门类和学科科学家参加规划编制工作，还邀请了16位苏联各学科的科学家来华，帮助我们了解世界科学技术水平和发展趋势。历经7个月，经过反复修改，于1956年12月，经中共中央、国务院批准，颁布了《十二年科技规划》，这是我国科学技术战略性计划，它的制定拉开了我国向科学进军的序幕。

《十二年科技规划》的制订，旨在把世界科学的最先进的成就尽可能迅速地介绍到我国科学技术部门、国防部门、生产部门和教育部门中来。把我国科学界最短缺的国防建设急需的门类，尽可能迅速地补足。其目标是迅速赶上世界先进国家科技水平，并坚持"重点发展，迎头赶上"的方针。12年后，这些门类的科学和技术水平接近世界先进水平。从此，使科学为国家建设服务找到了具体的组织和实现形式，大大提

科学技术发展远景规划制订期间周总理与专家们在一起

高了科学研究的效益，加快了中国追赶世界科技先进水平的进程，以至此后十多年的时间就有了"两弹一星"的成就，并由此带动了计算机、自动化、电子学、半导体、新型材料、精密仪器等新技术领域的建立和发展。

1 国家工业化、国防现代化科技开发取得成果

20世纪60年代初，国内遇到严重困难，苏联撤走全部专家，我国科技人员在独立自主、自力更生的基础上，坚持科研攻关，继续研制导弹、原子弹。在毛泽东、周恩来等领导支持下，采取突出重点，任务排队，组织全国大协作，狠攻新型原材料、电子元器件、仪器仪表、精密机械、大型设备等技术难关，进一步调整知识分子政策等一系列措施。仅用5年时间，研制成功多种导弹和原子弹，不久又研制成功氢弹，并为远程火箭、人造地球卫星、核潜艇的研制成功奠定了基础。同时，在研制常规武器装备和民用科研项目方面也取得了显著成果。

原子能开发

原子能又称"核能"，是原子核发生变化时释放的能量。原子核发生变化有两种：重核裂变和轻核聚变时都能释放出巨大的能量。核能除用于军事目的外，目前世界各国都在开发核能在经济领域的应用。中国核能事业创建于1955年，在较短的时间里，以较少的投入，走出了一条适合中国国情的发展道路，取得了举世瞩目的成就。著名核物理学家王淦昌先生是我国实验原子核物理、宇宙射线及粒子物理研究事业的先驱和开拓者，在国际上享有很高

的声誉。在70年的科研生涯中，他始终活跃在科学前沿，孜孜以求，奋力攀登，取得了多项令世界瞩目的科学成就。他是中国科学院资深院士、"两弹一星"功勋奖章获得者，为后来者树立了崇高的榜样。1958年6月我国第一座原子反应堆正式建成并投入运行。

上图：王淦昌，我国开发原子能的奠基人之一。
下图：1958年我国建成第一座原子反应堆

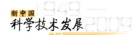
新中国科学技术发展历程（1949—2009）

中国第一台回旋加速器建成

1958年6月30日，中国第一台回旋加速器建成。回旋加速器是一种粒子沿圆弧轨道运动的谐振加速器，离子在恒定的强磁场中，被固定频率的高频电场多次加速，获得足够高的能量。加速器可用于原子核实验、放射性医学、放射性化学、放射性同位素的制造、非破坏性探伤等。粒子增加的能量一般都在0.1兆电子伏以上。加速器的种类很多，有回旋加速器、直线加速器、静电加速器、粒子加速器、倍压加速器等。加速器是用人工方法把带电粒子加速到较高能量的装置。利用这种装置可以产生各种能量的电子、质子、氘核、α粒子以及其他一些重离子。利用这些直接被加速的带电粒子与物质相作用，还可以产生多种带电的和不带电的次级粒子，像γ粒子、中子及多种介子、超子、反粒子等。

火箭和导弹研发

《十二年科技规划》表明要在12年内使中国火箭技术走上独立发展的道路。1958年9月，6米高的中国第一枚高空探测火箭，喷出一长串通红的火焰，在吉林白城子的荒野上腾空而起，冲向天宇，揭开了中国空间时代的历史帷幕。这枚火箭被命名为"北京二号"，由北京航空学院（现为北京航空航天大学）的师生研制并发射成功。1960年2月16日，中国第一枚液体火箭发射成功。

导弹是导向性飞弹的简称。导弹是依靠自身动力装置推进，由制导系统导引、控制其飞行路线，并导向目标的武器。发展导弹是我国国防现代化的需要。物理学家钱学森为我国火箭、导弹和航天事业的创建与发展作出了卓越贡献，是我国系统工程理论与应用研究的倡导人，被称为中国的导弹之父。

左图：1958年6月30日，中国第一台回旋加速器建成。
右图：钱学森在导弹发射现场指导工作

上图：1956年2月毛泽东与物理学家钱学森在一起
下图：中国第一颗战略导弹发射成功

大型通用计算机——119机研发

电子计算机是划时代的发明。美国电子计算机发展比较早，但这项技术对我国是封锁的。《十二年科技规划》将"计算技术的建立"列为国家四项紧急措施之一。在组织上采取了"先集中后分散"的方针；在科研工作上确立了"先仿制后创新，仿制为了创新"的方针；采用了办训练班、进修、合作、派出国学习的办法加速培养干部的方针。1964年，科学院计算所在吴几康领导下研制成功大型通用计算机——119机。该机采用由电子管和晶体二极管组成的高速逻辑电路，装有16000字的磁芯存储器，有些外部设备可与中央处理机并行工作，为用户提供BCY算法语言。119机指令系统完善，运算速度高，存储容量大，解题能力强，操作方便，运行稳定可靠，完成了大量原子能、天气预报等方面的计算任务。119机的研制成功，标志着我国自力更生发展计算机事业已进入了一个新的阶段。正是由于我们有了自行研制的电子计算机，发展了我国的核技术和航天技术，使我国的国防尖端科学有实力、有能力屹立于世界之林。

半导体研发

这一时期由于西方国家对中国的封锁，国内对世界半导体研究动态不能及时掌握。加上先进仪器设备不足，科研中的困难相当大。以硅高反压晶体管的研制为例，20世纪50年代后期，为了攻克难关，一批年轻人在实验室中经历了数不清的失败，终于取得成功，其半导体研究的部分成果已接近世界先进水平。半导体能制造体积小、寿命长并稳定可靠的二极管和三极管，对于发展无线电电子学、自动化技术至关重要。

上图：1964年，我国研制成功大型通用计算机——119机。
下图：上海无线电十三厂研制成功TQ—1型晶体管工业控制机，并生产X—2型数字通用计算机。

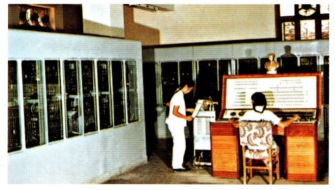

可惜的是，当时我国科学家未预见到集成电路以及大规模集成块的发展，以至我国在这方面工作的起步落后于国际水准10年。

无线电电子学研发

无线通信技术既是国防建设上的关键技术，也是经济建设中的重要技术。无线电电子学的重要性不仅在于通信，它还是民用技术以及现代化国防技术中不可缺少的手段。工农业、医药卫生等部门都离不开无线电电子学，在国防技术上，如雷达、自动化火炮的设计和指挥等也都离不开无线电电子学，发展无线电电子学是不容忽视的重要任务。在《十二年科技规划》，电子所已形成微波成像雷达及其应用技术、微波器件与技术、高功率气体激光技术、微传感技术与系统四个主导领域。老一辈的科学家们为我国的无线电事业作出卓越贡献。

1956年11月，在半导体专家王守武、林兰英和武尔祯的领导下，中国第一支锗合金晶体管在北京华北无线电元件研究所诞生。

作为中国无线电电子学的开拓者，陈芳允于1964年参加了我国卫星测控系统的建设工作，为我国人造卫星上天作出了贡献。由他提出和参与完成的微波统一测控系统，成为支持我国通信卫星上天的主要设备，这一项目获1985年国家科技进步奖特等奖。

作为中国无线电电子学的奠基人之一，孟昭英执教大学60余年，在人才培养、实验室建设与教材编写上建树甚多。在微波电子学、波谱学、阴极电子学诸领域的科学研究上均作出了重要贡献。

左图：王守武（1919 — ），中国半导体材料科学奠基者之一，中国科学院学部委员（院士）。
右图：林兰英（女，1918 — 2003），中国半导体材料科学奠基者之一，中国科学院学部委员（院士）。

左图：陈芳允(1916 — 2000)， 电子学家、空间系统工程专家,中国卫星测量、控制技术的奠基人之一，中国科学院学部委员（院士）。
右图：孟昭英(1906 — 1995)，电子学、物理学家，中国科学院学部委员（院士）。

1962年，林兰英研制出中国第一根砷化镓单晶，达到国际最高水平。

数控机床

　　自动化技术是20世纪以来发展非常迅速并且影响极大的科学技术之一。现代自动化技术是一种完全新型的生产力，是直接创造社会财富的主要手段之一，对人类的生产活动和物质文明起着极大的推动作用。因此，自动化技术受到世界各国的广泛重视和越来越多的应用。党中央决定发展自动化技术，是因为看到未来工业的发展必然走向自动化操作。这样既可节省大量劳动力，也为保证高质量的产品所必需。尤为重要的是：在未来的战争中，必须有自动化的攻防装备，否则就不能适应未来的高灵敏快速反应的现代战争。在20世纪60年代，我国就研制出了第一代数控机床。我国数控系统的开发与生产，取得了很大的进展，基本上掌握了关键技术，建立了数控开发、生产基地，培养了一批数控人才，初步形成了自己的数控产业，也带动了机电控制与传动控制技术的发展。

为了使国产汽车能够尽快赶上世界汽车的先进潮流，并达到世界先进水平的质量要求，济南机床二厂引进了先进的数控机床，使他们生产的汽车零部件达到了世界先进水平。

新中国科学技术发展历程（1949—2009）

2 实施中国自然条件和资源的调查

中国幅员辽阔，陆地总面积960万平方公里，包括了热带、亚热带、温带和寒带地区；有世界上最高的山系和高原，也有广大肥沃的平原；海洋国土面积约300万平方公里，海岸线曲折，全长达11000千米。我国有着优越的自然条件和丰富的自然资源。要使这些优越的条件和富饶的资源得到充分的利用和及时的开发，必须展开一系列的调查研究工作，以便掌握自然条件的变化规律和自然资源的分布情况，从而提出利用和开发的方向；并在此基础上，研究各区和全国国民经济发展远景以及工农业合理配置的方案。

竺可桢是中国综合考察事业的倡导者、奠基者和领导者。根据《十二年科技规划》，他把全国综合考察任务归纳为五项，即：①西藏高原和康滇横断山区综合考察及开发方案的研究；②新疆、青海、甘肃、内蒙古地区的综合考察及开发方案的研究；③热带地区特种生物资源的研究和开发；④重要河流水利资源的综合考察；⑤中国自然区划与经济区划。

对太平洋海域首次进行科学调查

1976年7月我国远洋科学调查船向阳红5号和向阳红11号，成功进行了我国首次对太平洋海域的科学调查，获得了大量的、多学科的第一手资料。

远洋科学调查船向阳红5号和向阳红11号

自然资源考察取得成果

　　我国的科学考察工作有良好的传统，根据《十二年科技规划》中规定的有关国家边远地区自然条件、自然资源的考察任务，中国科学院成立了综合考察委员会，统一领导和组织各项综合考察，组织了11个综合考察队，对中国东北、内蒙古、西北、西南、东南、华南等地区进行了综合考察，每年有上千人同时进行考察。这一时期的自然资源综合考察活动，取得了明显的成就，考察面积570万平方公里，对许多与改造自然有关的重大课题，包括水土保持、沙漠治理、草原改良等，做了不少调查研究，为国家开发利用自然资源、制定国民经济发展计划和地区开发方案提供了大量的科学资料和依据；促进了资源研究和考察事业的发展。

横断山冰川作用中心在贡嘎山，这是我国现代海洋性冰川分布最集中、规模最大的地区，也是青藏高原的东部第四纪冰川遗迹保存与发育最完好的地区。图为冰川考察人员骑马向贡嘎山西坡进发途中。

柴达木盆地是我国独一无二的聚宝盆。20多万平方公里的盆地内蕴藏着丰富的矿产资源。柴达木盆地大煤沟是中国侏罗纪的典型剖面，已发现的煤层达28层之多。

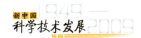

3 取得工业建设重大技术问题突破

实现国家的社会主义工业化，是国家独立富强的客观要求和必要条件。1956年，党中央明确提出建立独立完整的工业体系的方针。这些方针对于后来在国际关系剧烈变化中我国坚持独立自主的立场，具有深远的意义。在执行《十二年科技规划》的过程中，1956年，中国第一家生产载重汽车的工厂——长春第一汽车制造厂建成投产，中国第一家飞机制造厂试制成功第一架喷气式飞机，中国第一家制造机床的工厂——沈阳第一机床厂建成投产，大批量生产电子管的北京电子管厂正式投产。1957年飞架南北的武汉长江大桥建成，青藏、康藏、新藏公路相继建成通车。许多工业建设中的技术问题得到解决。中国科技工作者已经能够自行设计建设150万吨的钢铁联合企业、年产100万吨的炼油厂、装机容量65万千瓦的水力发电机厂以及电气化铁路等大大小小的建设项目不胜枚举。中国工业生产能力大幅度提高；一大批工矿企业在内地兴建，使旧中国工业过分偏于沿海的不合理布局初步得到改善。同其他国家工业起飞时期的增长速度相比，我国也是名列前茅的。在全党全国人民同心同德的艰苦奋斗中，中国的社会主义工业化步伐在扎扎实实地向前迈进。中国自主建造12000吨水压机和大庆油田勘探取得成果是这一时期工业成就的突出亮点。

长春第一汽车制造厂建成投产

1950年12月，毛泽东主席访问苏联，中苏双方商定，由苏联全面援助中国建设第一个

第一汽车制造厂生产的解放牌汽车

载重汽车厂。经过一年多的调查研究和多个方案对比，1951年中共中央和中央人民政府决定把第一汽车制造厂的厂址设在吉林省长春市郊。1956年10月15日，长春第一汽车制造厂正式建成移交，开始了大批量生产。该厂投资总额6.5亿元，年产载重汽车3万辆。长春第一汽车制造厂生产的解放牌汽车是以苏联生产的吉斯150型汽车为范本，并根据中国的实际情况改进部分结构而设计和制造出来的。这种汽车装有90匹马力、6个汽缸的汽油发动机，最高时速为65千米，载重量为4吨。它不仅适合当时中国的道路和桥梁的负荷条件，而且还可以根据需要改装成适合各种特殊用途的变型汽车。首批汽车经过行车试验后，证明性能良好，符合设计要求。

长春第一汽车制造厂开展了技术革新和技术革命运动。图为汽缸体加工自动线，只要两个人管理，就可以完成34～60道工序，提高了工作效率。

歼5是根据苏联提供的米格—17喷气歼击机为原准机进行仿制。1956年7月19日，歼5原型机首次试飞成功，同年9月投入批量生产。至1959年9月停产，共生产767架。图为在公园供观赏的歼5飞机。

中国第一架喷气飞机——歼5首飞成功

1956年7月19日，由沈阳飞机制造公司（原名112厂）制造的我国第一架喷气式歼5飞机中0101号到达沈阳于洪机场，成功地飞上了祖国的万里蓝天。试验证明：中0101号飞机在最快速度和最大高度时，特种设备、发动机等的各项性能、数据全部达到试飞大纲要求。9月8日，国家验收委员会在112厂举行了验收签字仪式，并命名该机为56式机（以后按系列命名为歼5）。喷气式歼击机——歼5飞机主要用于昼间截击和空战，也具有一定的攻击能力。其改进型歼5甲，机头装有雷达，用于夜间截击空战。从此结束了中国不能制造喷气式歼击机的历史。

土法上马建设新余钢铁厂，图为解放军帮助建设钢铁基地。

"南方的鞍钢"—— 新余钢厂建成

新余钢厂的建成正处在"赶英超美"建设钢铁大国的特定时代，当时全国提出建设"三大五中十八小"个钢铁厂的钢铁产业布局。在第二个五年计划期间（1958—1962），原冶金部确定，要将江西新余钢铁厂（简称"新钢"）建设成为一个年产生铁200万吨、钢150万吨的钢铁联合企业，成为"南方的鞍钢"。1960年，新钢两座255立方米高炉相继建成投产，新钢采取土法上马兴建了5座小高炉和14座简易小焦炉，开展起轰轰烈烈的高炉冶炼生铁活动。1961年，在干部职工锐减和要求下马的危难之际，新钢人并没有放弃，而是选择了高炉转产锰铁的出路。通过努力，新钢攻克了技术难关，成功改造了高炉煤气净化系统，转炼高炉锰铁。其中袁河牌高炉锰铁被评为国家优质产品，获国家银质奖。 1964年初又将新钢改建成以生产军工原材料为主的特殊钢厂——江西钢厂。钢厂运营带来了钢铁行业的一时繁荣，为航空事业作出了贡献。山风牌钢丝产品占有国内市场的60％份额，被誉为特钢行业的"一朵奇葩"。

川青藏公路通车

1954年12月25日，全长4360千米的川藏、青藏公路同时通车拉萨，结束了西藏没有一条正式公路的历史。川藏公路东自四川成都，跨怒江，攀横断；青藏公路北起青海西宁，渡通天，越昆仑，两路平均海拔均在4000米以上，交会西藏首府拉萨。修建川藏、青藏公路，历时五载，3000多名筑路人捐躯两路，1万多名建设者立功受奖。川藏、青藏公路的胜利通车，是人类公路建设史上的壮举。两路通车，推动了西藏社会制度的历史性跨越，促进了西藏经济社会史无前例的发展。

川藏、青藏公路的胜利通车，是人类公路建设史上的壮举。

茅以升(1896—1989)，桥梁学家，中国科学院学部委员（院士），主持完成了武汉长江大桥的修建。

1957年建成武汉长江大桥

武汉长江大桥建成

　　1955年9月1日，武汉长江大桥开工建设，于1957年10月15日建成通车。大桥建设初始得到了当时苏联政府的帮助，后来由于苏联政府撤走了全部专家，之后的建桥工作由茅以升主持完成。武汉长江大桥是中国在万里长江上修建的第一座铁路、公路两用桥梁，将整个武汉三镇连成一体，也打通了被长江隔断的京汉、粤汉两条铁路，形成完整的京广线。桥身为三联连续桥梁，每联3孔，共8墩9孔。每孔跨度为128米，终年巨轮航行无阻。正桥的两端建有具有民族风格的桥头堡，各高35米，从底层大厅至顶亭，共7层，有电动升降梯供人上下。附属建筑和各种装饰协调精美。整座大桥异常雄伟，令人心旷神怡，浮想联翩，真是"一桥飞架南北，天堑变通途。"

黄河三门峡水利工程

　　被誉为"万里黄河第一坝"的三门峡水利枢纽是新中国成立后在黄河上兴建的第一座以防洪为主综合利用的大型水利枢纽工程。控制流域面积68.84万平方公里，占流域总面积的91.5%，控制黄河来水量的89%和来沙量的98%。工程始建于1957年，1960年基本建成，主坝为混凝土重力坝，大坝高106米，长713.2米，枢纽总装机容量40万千瓦，为国家大型水电企业。三门峡水利枢纽建成至今已发挥了巨大的社会效益和经济效益，如今三门峡水利枢纽已成为旅游胜地，寻古抚今，使人留连忘返，黄河三门峡水利枢纽这颗明珠正绽放出更加璀璨夺目的光芒。

黄河三门峡水利枢纽工程

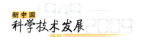

师昌绪主持研究出铸造高温合金

师昌绪是两院资深院士、材料学家。他不仅是我国材料科学与技术界的一代宗师，更是推动我国材料科学发展的杰出管理者和科技战略家。20世纪50年代末期，高温合金是航空、航天与原子能工业发展中必不可少的材料。师昌绪从中国既缺镍无铬，又受到资本主义国家封锁的实际出发，提出大力发展铁基高温合金的战略方针。为了克服一般铁基高温合金的耐热性能差的弱点，师昌绪等人在设计成分时一反铁基高温合金中钛高铝低的常规做法，相应提高铝的含量，从而研制出中国第一个铁基高温合金GH135(808)，代替了当时的镍基高温合金GH33作为航空发动机的涡轮盘材料。师昌绪为我国建设独立自主的工业体系和国民经济体系作出了杰出的贡献。

师昌绪（1920 —），中国科学院学部委员（院士），中国工程院院士，金属学及材料科学专家（右二）。

第一条电气化铁路

宝成铁路是新中国成立后修建的第一条工程艰巨的铁路，宝鸡至凤州段更是艰险。在地形复杂的区段内，采用蒸汽机车牵引列车，牵引重量小，行车速度慢，运输效率低。因此，在修建宝成铁路时，铁道部就决定宝鸡至凤州段采用电力机车牵引。这样，可使线路限坡由20％提高到30％，可缩短线路18千米，减少隧道12千米，而且缩短工期一年。宝凤段电气化铁路是中国自己设计和修建的，采用的上千种器材和设备也是国内生产的。中国电气化铁路一开始就选用了世界上最先进的电流制式，避免了重走世界各国先直流后交流的发展老路。经过两年的艰苦拼搏，中国第一条电气化铁路于1960年5月胜利建成，并用国产韶山一型电力机车开始试运行，1961年8月15日正式交付运营，昔日的蜀道天堑从此变成通途。全长91千米的宝凤电气化铁路的建成，促进了中国电气化铁路的发展。

宝成铁路是中国第一条电气化铁路，在这条铁路上行驶的机车全部是我国自行设计的电气机车。

沈鸿(1906—1998)，中国机械工程专家，中国科学院学部委员（院士）。

中国自主建造 12000 吨水压机

1958 年 5 月，党的八大会议期间，时任煤炭工业部副部长的沈鸿给毛泽东写了一封信，建议利用上海原有的机器制造能力，自己设计、制造万吨级水压机，以改变大锻件依靠进口的局面。这个建议得到毛泽东的支持。于是中央有关部门决定，将制造万吨水压机的任务交给上海江南造船厂。1959 年，江南造船厂成立了万吨水压机工作大队，在总设计师沈鸿的带领下，技术人员和工人们运用了"以大拼小、银丝转昆仑"等方法闯过了一道道难关，经过四年的努力，于 1962 年 6 月 22 日将万吨水压机建成投入生产。这台能产生万吨压力的水压机总高 23.65 米，总长 33.6 米，最宽处 8.58 米，全机由 44700 多个零件组成，机体全重 2213 吨，其中最大的部件下横梁重 260 吨，工作液体的压力有 350 个大气压。能够锻造 250 吨重的钢锭，是重型机器制造工业的关键设备。

1962 年，由沈鸿主持制造成功 12000 吨水压机。

大庆油田勘探取得成果

　　1958年，地质部和石油部把石油勘探重点转移到被外国专家判定为"无原油"的东部地区，在东北、华北等几个大盆地展开了区域勘探。1959年9月6日，在东北松辽盆地陆相沉积岩中发现工业性油流。这是中国石油地质工作取得的一个重大成就，时值国庆10周年，这块油田因此被命名为"大庆"。

　　1960年2月20日，中共中央决定在黑龙江省大庆地区进行石油勘探开发大会战。大庆油田位于黑龙江省西部、松辽盆地中央凹陷区北部，是中国最大的综合性石油生产基地，也是世界特大油田之一。我国发现大庆油田后，一场规模空前的石油大会战随即在大庆展开。王进喜从西北的玉门油田率领1205钻井队赶

王进喜（1923—1970），石油战线的劳动模范。

参加大庆石油会战的解放军战士

来，加入了这场石油大会战。没有公路，车辆不足，王进喜带领全队靠人拉肩扛，把钻井设备运到工地，以"宁可少活二十年，拼命也要拿下大油田"的顽强意志和冲天干劲，苦干5天5夜，打出了大庆第一口喷油井。随后的10个月，王进喜率领1205钻井队和1202钻井队，在极端困苦的情况下，双双达到了年进尺10万米的奇迹。以铁人王进喜为代表的大庆石油工人，艰苦创业，白手起家，仅用两年时间，就基本建成大庆油田。1976年，油田原油产量首次达到了5030

万吨，跨入世界十大油田行列，一举摘掉了中国贫油的帽子。此后，油田的原油产量一直稳定在5000万吨以上，创造了年产原油5000万吨以上，连续27年高产稳产的世界奇迹。到1963年底，周总理在政府工作报告中宣布："中国人民使用'洋油'的时代，即将一去不复返了。"

20世纪60年代初期，1202钻井队来到大庆参加石油会战，创出了年进尺10万米的纪录。下图是该队与1205钻井队开展竞赛时，1202钻井队暂时领先。

4 解决农业建设的有关问题

我国《十二年科技规划》提出：为了迅速发展农业、林业、畜牧业、水产业、养蚕业，必须研究提高单位面积产量和扩大面积（如垦荒等）的办法来发挥劳动力和土地的增产潜力。同时，必须在十二年内为实现农业机械化做好农、林、牧、水产等机械的选型与改进工作，并制订出整套的机械化耕作、栽培及森林采伐、运材、家畜饲养管理、渔捞等技术方案。农、林、牧业是密切联系着的，三者的结合对于不断提高农、林、牧业的产量具有重大意义。

完成了全国耕地调查和规划

根据《十二年科技规划》制定的原则，经过农业科技人员的努力，初步完成了全国耕地土壤普查，整理鉴定了全国各地区农作物品种，找到了大量可推广的良种，如稻、麦、棉、玉米等8种作物的169个优良品种。基本掌握了11种作物病虫害的发生规律，提出了不少有效的控制和防治方法，如基本消灭了蝗虫。同时研制和改进了许多防治家畜、役畜疾病疫苗，研制了一批适应各地农业生产条件的机具。家畜品种的改良、鱼类回游规律、渔业资源调查、林木速生丰产、橡胶种植等研究工作均取得了丰硕成果。

中国农业生态图

图例

东北区
黄淮海区
长江中下游区
江南区
华南区
内蒙古高原区
黄土高原区
四川盆地区
云贵高原区
横断山区
西北区
青藏高原区

国界
区界
省界
海岸线
河流

丁颖为我国水稻栽培学奠定了基础

丁颖（1888—1964），农业科学家、教育家、水稻专家，中国现代稻作科学主要奠基人，中国科学院学部委员（院士）。1926年他在广州东郊发现野生稻，随后论证了我国是栽培稻种的原产地之一；他于1955—1959年间，对与水稻产量形成密切有关的分蘗消长、幼穗发育和谷粒充实等过程作了深入研究。通过研究发现，可从技术措施与穗数、粒数、粒重的关系上找出一些带共性的结果，为人工控制苗、株、穗、粒实现计划产量目标提供理论依据；另外也可根据水稻在生长发育进程中的现象来检验技术措施的合理性，这为总结群众培育水稻经验提供了科学办法，同时对发展农业生产、科研与教育均有裨益。丁颖把水稻划分为籼、粳两个亚种，并运用生态学观点，按籼—粳、晚—早、水—陆、粘—糯的层次对栽培品种进行分类；为生产上培育许多个优良品种，对提高产量和品质作出了贡献。

下图为时任中国农业科学院院长、水稻专家丁颖，中国农业科学院在他的领导下，取得了丰硕的科学成果。1958年以来，仅十七个省市的不完全统计，就选育出水稻、小麦等26种农作物新品种。

中国治蝗第一人邱式邦

　　邱式邦（1911—），中国近现代农业昆虫学家，中国科学院院士。早年在英国留学。我国是蝗灾严重的地区。蝗虫的灾害可怕就在于它们是群体肆虐。中国历史上许多有识之士对灭蝗进行了艰苦卓绝的斗争，然而，真正解决蝗虫灾害是新中国成立后，邱式邦在其中被誉为"中国治蝗第一人"。邱式邦长期从事农业昆虫研究，对灭蝗以及治虫逐步摸索出一套成熟的方法。20世纪40年代在国内首先使用"六六六"粉防治蝗虫，用DDT防治松毛虫。20世纪50年代在中国国内首次研究出查卵、查蝻、查成虫的蝗情侦察技术，并提出用毒饵治蝗。20世纪60年代研究出玉米螟防治技术，在全国普遍推广应用。20世纪70年代倡导对作物害虫实行综合防治，并重点开展生物防治的研究，创造出一套适合中国农村饲养草蛉的方法，为生物治虫创造了条件。由于邱式邦为我国防治虫害作出极大的努力并取得重大的成就，1954年获得农业部授予的爱国丰收奖；1978年获全国科学大会先进个人奖；1979年被授予全国劳动模范称号。

新中国成立后，病虫害的防治情况有了很大改变。虫害专家邱式邦（左）是植物保护研究所的研究员，他在蝗虫研究方面有重要的成就，对消灭我国蝗虫危害起了一定的作用。

东方红拖拉机的诞生

　　1958年，新中国第一台东方红大功率履带拖拉机在洛阳诞生，当时谭震林副总理庄严向世人宣布："中国人民耕地不用牛的时代终于来临了。"从此，新中国农业机械化的序曲在洛阳正式奏响。20世纪80年代，东方红8挡小四轮拖拉机在中国诞生，并迅速带动中国农机工业走出低谷。90年代，我国第一个国产大功率轮式拖拉机专业生产基地建成。1994年，国家拖拉机研究所整体并入企业，一拖率先在拖拉机行业建立起国家级技术中心，研发实力大大增强。

1958年我国试制出东方红拖拉机

5 促成医疗保健方面取得长足进步

中国《十二年科技规划》对医疗保健提出了要求：积极防治各种主要疾病，不断提高人民健康水平；生产和研制各种新的抗生素、药物、生物制品、血浆制品及其代用品；放射性同位素医学研究和临床上的应用；加强对中国传统医学的整理、研究和发扬，改善环境卫生、供应合理营养、推广合理体育锻炼等方面，积极地促进健康，延长寿命，增进劳动能力，使人民过着幸福的生活，并能愉快地为社会主义事业贡献出无穷的力量。

在执行《十二年科技规划》期间，我国的医疗保健事业有了长足的进步，特别是临床医学的若干方面已接近或达到世界先进水平。断手再植和治疗大面积烧伤，在国际医学界得到高度评价；某些药物达到了较高水平；中医学也作出了独特的贡献。

断手再植获得成功

1963年1月2日，上海第六人民医院陈中伟在血管手术专家钱允庆的配合下，为青年工人王存柏施行断手再植手术获得成功。从此，中国成为世界上第一个成功接活断手的国家。王存柏完全断离的右手在手术后功能恢复正常，能提包、写字、穿针引线、提起重物、打乒乓球等。陈中伟医生开创了中国显微外科技术，在国内外被称为"断肢再植之父"和"显微外科的国际先驱者"。

上海市第六人民医院成功地为王存柏做了断手再植手术。这是王存柏的断手在施行再植手术两个月以后，手与前臂动脉的造影，证明吻合血管畅通无阻。

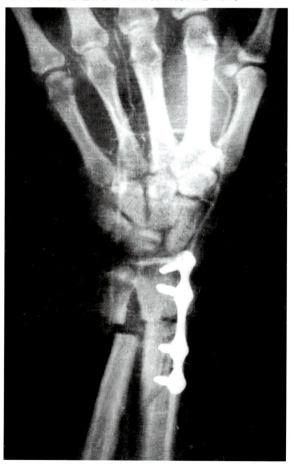

汤非凡分离培养出沙眼衣原体

　　汤非凡是世界上第一个分离出沙眼病毒的学者。因此,沙眼病毒被国际上命名为"汤氏病毒"。1955年首次分离出沙眼衣原体,无可争辩地结束了半个多世纪关于沙眼病原的争论。他所创建的方法被广泛采用,后来许多类似的病原被分离出来,一类介于细菌与病毒之间的特殊微生物——衣原体陆续被发现。他是迄今为止发现重要病原体、并开辟了一个研究领域的唯一的中国微生物学家。由于沙眼病原的确认,使沙眼病在全世界大为减少。1982年在巴黎召开的国际眼科学大会上,国际沙眼防治组织为表彰他的卓越贡献,追授给他金质沙眼奖章。随后,与他共同工作者因成功地分离了沙眼衣原体而获得我国科学发明奖。

汤非凡(1897—1958),生物学家、医学家,中国科学院学部委员(院士)。

1963年,负责施行断手再植手术的是上海第六人民医院的钱允庆和陈中伟两位医生。这次手术是国内医学界从未做过的手术。这是两位医生在研究接手后的X光片。

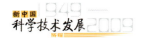

新中国科学技术发展历程（1949—2009）

肝胆外科的奇迹

肝脏是人体血液供应最丰富的器官之一，它担负着物质代谢、消化、储藏、解毒、凝血等数十种功能。医学发展到了今天，创造了人工心脏、人工肺、人工肾等，但是仍无法用任何东西替代肝脏的复杂功能。治疗肝癌的主要方法就是手术切除。20世纪50年代，肝胆外科在国际上被视为"禁区"，正处于探索阶段，日本尚走在前列。而那时的中国还没有单列的肝脏外科，肝脏手术更是处于空白阶段。肝脏手术常常因大出血导致患者死亡，国际上成功的手术屈指可数。吴孟超是我国肝胆外科的开拓者和主要创始人之一。20世纪50年代最先提出中国人肝脏解剖"五叶四段"新见解。60年代初，首创常温下间歇肝门阻断切肝法，并率先突破人体中肝叶手术禁区，成功地施行了世界上第一例完整的中肝叶切除手术，一举突破了世界肝脏外科史上的重大难题。不久他又连续做了3例中肝叶切除，而且全部成功，这标志着吴孟超所开创的肝脏外科技术体系已经发展成熟，并在60年代带动了全国肝癌切除手术的普遍发展，使我国肝脏手术的死亡率从50年代的33%，降到了六七十年代的4.83%。他提出来的"五叶四段"的肝脏解剖理论一直沿用至今，大大提高了手术的成功率。

上海某军医大学附属长海医院的军医吴孟超、张晓华、胡宏楷，从1960—1964年已给71个病人施行不同类型的肝叶切除手术，总成功率达88.7%，其中还包括"中肝叶切除手术"。

6 支持基础科学研究全面发展

为了防止忽视基础研究，《十二年科技规划》中专门补充制订了一个《基础科学研究规划》，以加强对数学、物理学、化学、天文学、生物学、地理学的研究。

基础科学的研究以深刻认识自然现象、揭示自然规律，获取新知识、新原理、新方法和培养高素质创新人才等为基本使命，是高新技术发展的重要源泉，是培育创新人才的摇篮，是建设先进文化的基础，是未来科学和技术发展的内在动力。《基础科学研究规划》提出，加速发展基础科学和技术科学，填补这方面重要的空白；发展基础研究要坚持服务国家目标与鼓励自由探索相结合，遵循科学发展的规律，重视科学家的探索精神，突出科学的长远价值，稳定支持，超前部署，并根据科学发展的新动向，进行动态调整。在《十二年科技规划》执行期间，我国的基础科学的研究已经开始和技术科学、应用科学的研究结合起来，成为解决经济和国防建设中许多重大问题的必不可少的组成部分。许多基础科学的研究成果获得了国际学术界高度评价。

华罗庚的复变函数论

华罗庚是我国解析数论、典型群、矩阵几何学、自守函数论与多复变函数论等很多方面研究的创始人，也是我国进入世界著名数学家的杰出代表。华罗庚多元复变函数的研究始于20世纪40年代。以复数作为自变量的函数就叫做复变函数，而与之相关的理论就是复变函数论。解析函数是复变函数中一类具有解析性质的函数，复变函数论主要就研究复数域上的解析函数，因此通常也称复变函数论为解析函数论。

华罗庚（1910—1985），数学家，中国科学院学部委员（院士）。

吴文俊的拓扑学

吴文俊从20世纪40年代起从事代数拓扑学的研究,取得了一系列重要的成果,其中最著名的是吴示性类与吴示嵌类的引入和吴公式的建立,并有许多重要应用。数学界公认,在拓扑学的研究中,吴文俊起到了承前启后的作用。20世纪50年代,吴文俊和同时代的几位著名数学家的共同工作,推动了拓扑学蓬勃发展,使之成为数学科学的主流之一,为此曾获1956年度国家自然科学奖一等奖。

吴文俊(1919—),数学家,中国科学院学部委员(院士)。

张钰哲观测小行星

20世纪50年代末张钰哲的小行星光电测光研究，成绩很突出。在他的带领下，紫金山天文台发表的小行星光变曲线有几十条，其中有些小行星的光变曲线图在国际上系首次发表，并且由于观测质量相当好，不少曲线的数据被国外的研究者们广泛地引用。所发表的多篇高质量论文和很多学术著作已成为经典文献。此外，张钰哲和他所领导的紫金山天文台，还对小行星的运动和物理性质进行研究，为小行星的起源和演化问题提供了有价值的资料。他们发现的一些轨道特殊的小行星将有可能成为天然的空间站，作为人类向遥远的太空航行的一个跳板。

张钰哲（1902—1986），天文学家，中国科学院学部委员（院士）。

王淦昌发现反西格玛负超子

王淦昌，核物理学家,我国实验原子核物理、宇宙射线及基本粒子物理研究的主要奠基人和开拓者。20世纪50年代末，一条轰动全球的新闻从苏联杜布纳联合原子核研究所传出——在这里工作的中国物理学家王淦昌直接领导的研究组,在100亿电子伏质子同步稳相加速器上做实验时发现了反西格玛负超子。反西格玛负超子的发现，在当时引起了巨大轰动。《自然》杂志指出："实验上发现反西格玛负超子是在微观世界的图像上消灭了一个空白点。"世界各国的报纸纷纷刊登了关于这个发现的详细报道，"王淦昌"成了新闻导语中的主题词之一。

王淦昌，核物理学家，中国科学院学部委员（院士）。

新中国科学技术发展历程（1949—2009）

朱洗培育出单性生殖的蟾蜍

朱洗（1900—1962），实验胚胎学家、细胞学家、鱼类学家、生物学家，中国科学院学部委员。1951—1961年，他创建了激素诱发两栖类体外排卵的实验体系，用以研究卵母细胞成熟、受精和人工单性生殖，发现输卵管的分泌物是蟾蜍卵球受精决定性物质，提出两栖类"受精三元论"，并培养出世界上第一批"没有外祖父的癞蛤蟆"。他发现低温休眠是中华大蟾蜍卵球成熟必不可缺的外部条件，提出鲤科鱼类和两栖类一样，不同成熟程度卵球的受精与胚胎正常发育密切相关，从理论上指导家鱼的人工孵化工作。还进行了家蚕混精杂交研究，发现逾数精子能影响子代的遗传性，为家蚕育种提供了新方法。他领导的蓖麻蚕的驯化与培育工作，解决了孵化、饲养、越冬保种后，在全国20多个省推广，为纺织工业增加了一种原料。曾获1954年国家发明奖和1989年中国科学院科学技术进步奖一等奖。

朱洗（左）根据桑蚕卵是生理的多精子受精的特性，用了14个品系的家蚕做材料来进行混精杂交的实验。这是他在观察家蚕混精杂交试验后所得到的蚕茧。

冯康创立有限元方法

冯康，数学家，我国计算数学的奠基人和开拓者。20世纪50年代末60年代初，伴随着计算机的发展，科学计算在西方兴起。冯康敏锐地悟出科学发展进入了转折时期，中国面临难得的机遇。冯康带领他的科研小组承担了国家下达的一系列计算任务。开创有限元方法的契机来自国家的一项攻关任务，即刘家峡大坝设计的计算问题。面对这样一个具体实际问题，冯康以敏锐的眼光发现了一个基础问题。1965年冯康在《应用数学与计算数学》上发表了《基于变分原理的差分格式》一文，在极其广泛的条件下证明了方法的收敛性和稳定性，给出了误差估计，从而建立了有限元方法严格的数学理论基础，为其实际应用提供了可靠的理论保证。这篇论文的发表是我国学者独立创立有限元方法的标志。有限元方法的创立，是计算数学发展的一个重要里程碑。

邹承鲁(1923—2006)，生物化学家，中国科学院学部委员（院士）。

冯康(1920—1993)，数学家，中国科学院学部委员（院士）。

"邹氏作图法"

邹承鲁在生物化学领域作出了具有重大意义的开创性工作，是近代中国生物化学的奠基人之一。他早年师从英国剑桥大学著名生物化学家凯林(Kelin)教授从事呼吸链酶系研究。20世纪60年代初邹承鲁回到酶学研究领域。1962年，邹承鲁建立的"蛋白质功能基团的修饰与其生物活力之间的定量关系"公式被称为"邹氏公式"，被国际同行广泛采用；他创建的确定必需基团数的作图方法被称为"邹氏作图法"，已收入教科书和专著。有关蛋白质结构与功能关系定量研究的成果获国家自然科学奖一等奖。

人工合成胰岛素

从1958年开始，中国科学院上海生物化学研究所、中国科学院上海有机化学研究所和北京大学生物系三个单位联合，以钮经义为首，由龚岳亭、邹承鲁、杜雨花、季爱雪、邢其毅、汪猷、徐杰诚等人共同组成一个协作组，在前人对胰岛素结构和肽链合成方法研究的基础上，开始探索用化学方法合成胰岛素。经过周密研究，他们确立了合成牛胰岛素的程序。

在1965年9月17日完成了结晶牛胰岛素的全合成。经过严格鉴定，它的结构、生物活力、物理化学性质、结晶形状都和天然的牛胰岛素完全一样。这是世界上第一个人工合成的蛋白质，使人类认识生命、揭开生命奥秘迈出了可喜的一大步。这项成果获1982年中国自然科学奖一等奖。

左上图：人工合成胰岛素的结晶体
下图：我国人工合成胰岛素，是在多肽化学基础相对比较薄弱的情况下，迅速取得了世界领先地位的。这是研究人员在人工合成B链肽段和A链肽段。

李四光提出"陆相生油"理论

1959年，地质学家李四光等人提出了"陆相生油"理论。李四光明确指出："找油的关键不在于'海相'、'陆相'，而在于有没有生油和储油条件，在于对构造规律的正确认识。"打破了西方学者的"中国贫油论"。他概括的有利生油条件是：①要有比较广阔的低洼地区，曾长期以浅海或面积较大的湖水所淹没；②这些低洼地区的周围，曾经有大量的生物繁殖，同时，在水中也要有极大量的微生物繁殖；③要有适当的气候，为大量生物滋生创造条件；④要有陆地上经常输入大量的泥、沙到浅海或大湖里去，迅速把陆上输送来的大量有机物质和水中繁殖速度极大、死亡极快的微生物埋藏起来，不让其腐烂成为气体向空中扩散而消失。李四光的科学预见得到了证实，随后接二连三的油层发现，迎来了我国石油工业的高速度发展，宣告了"中国贫油论"的彻底破产，再一次证实了李四光理论的正确。

李四光(1889 — 1971)，科学家、地质学家、教育家和社会活动家，中国科学院学部委员(院士)。

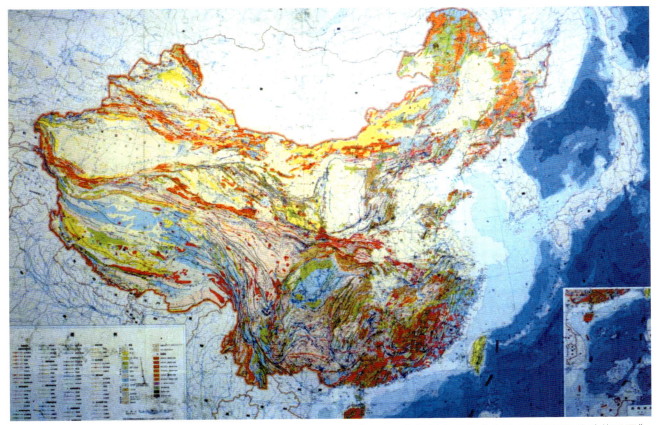

这是1975年编制完成的《中华人民共和国构造体系图》

王之江（1930 — ），物理学家，中国科学院学部委员（院士）。

中国第一台红宝石激光器诞生

1961年9月，中国第一台红宝石激光器在中国科学院长春光学精密机械研究所诞生，时间仅比国外晚一年，在结构上别具一格。当时国家正值困难时期，它的出现引起了国内学术界的震惊。上海光机所所长、学部委员王之江是该项目的总体负责人，由他设计的聚光系统的结构更有特色；宝石棒两端的银膜是由王乃弘（原长光所副所长、研究员）负责用冷阴极溅射方法涂镀的，为防止氖灯的照射烧毁银膜，特地加上一个小铜帽；杜继禄（高级工程师）为了解决石英与钨电极的封结，选择了几种玻璃，包括把一种硬质玻璃盘砸碎混合成十几种过渡玻璃，终于封结成功了国内第一个高功率石英管壁钨电极脉冲氖灯，这种工艺沿用至今。新中国第一台红宝石激光器的研制成功，为我国激光技术开辟了一个新领域，它表明我国激光技术已步入世界先进行列。激光技术从此越来越多地应用于国防和工农业生产中。

左上图：1961年，我国研制出第一台红宝石激光器。
左下图：红宝石激光器发光过程
右图：红宝石激光器

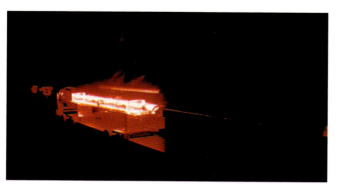

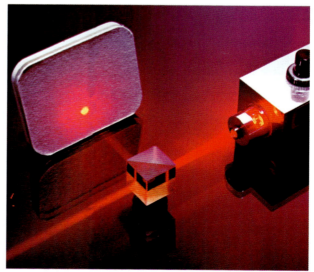

中国科学技术协会成立

1958年9月18~25日，全国科联（中华全国自然科学专门学会联合会）和全国科普（中华全国科学技术普及协会）在北京联合召开全国代表大会，聂荣臻代表中共中央、国务院发表了重要讲话。大会通过了关于建立"中华人民共和国科学技术协会"的决议。一届全委会选举李四光为主席，梁希、侯德榜、竺可桢、吴有训、丁西林、茅以升、万毅、范长江、丁颖、黄家驷等10人为副主席。选举严济慈、陈继祖、周培源、涂长望、夏康农、聂春荣为书记处书记。

中国科协是科技工作者的群众组织，是中国共产党领导下的人民团体，是党和政府联系科技工作者的纽带和桥梁，是国家推动科技事业发展的重要力量。中国科协成立后，坚持围绕中心，服务大局，始终把加强党和政府同科技工作者的联系作为基本职责，把竭诚为科技工作者服务作为根本任务，把科技工作者是否满意作为衡量工作的主要标准。在促进科学技术的繁荣和发展，促进科学技术的普及和推广，促进科技人才的成长和提高，促进科学技术与经济的结合，建设"科技工作者之家"等方面取得了丰硕成果，受到了党和人民的高度评价，赢得了社会的广泛赞誉。

1964年12月毛泽东接见中国科协主席李四光。

自力更生 迎头赶上

——《十年科技规划》的实施

新中国科学技术发展历程（1949—2009）

20世纪60年代，国内外形势发生了重大变化。当时苏联撤走全部科研人员；国内又受"反右"和"大跃进"的影响，科研积极性受挫。1960年冬，党中央提出"调整、巩固、充实、提高"八字方针，要求对各行各业的工作进行调整，在这种情况下提出了《1963—1972年科学技术发展规划》（简称《十年科技规划》），它是在《十二年科技规划》所确定的主要任务基本完成的基础上，制订的第二个科学技术发展规划，方针是"自力更生，迎头赶上"，力求经过艰苦的努力，在不太长的历史时期内，把中国建设成一个具有现代工业、现代农业、现代科学技术和现代国防的社会主义强国。强调"科技现代化是实现农业、工业、国防现代化的关键"。《十年科技规划》尽管受到十年"文化大革命"的影响，仍然取得了许多可喜的成就。仅头三年就取得了一批重要成果，特别是为"两弹一星"的成功作出了重大贡献。

「1」 农业科学技术成就

农业是国民经济的基础。党中央和毛主席指出，必须在实现农业社会主义改革的基础上，逐步实现农业技术改革。1963—1972年，全国农业科学技术的首要工作，就是要为多快好省地完成这一伟大而艰巨的历史任务，提供充分和确切的科学技术依据。

土地资源的合理利用

关于当时发展我国农业生产的条件，有这样一些基本的情况：耕地比较少，平均每人大约只有两亩（1亩＝667平方米）半地，宜农荒地也不多。在16亿亩耕地中，大约2/3是较好的土地，1/3是低产田。农业的机械化、电气化、化学化的水平较低，不少地区还有待进一步水利化。在16亿亩耕地之外，我国有广大的草原、丘陵、山岳和水域，利用得当，可以大规模地发展农、林、牧、副、渔业。在掌握利用农药、化肥、农业机械等现代化生产条件方面，我国已经

积累了一些经验，取得了一些科学研究成果。因此，要求农业科学研究采用单科性研究与综合性研究相结合，总结提高农民生产经验和祖国农学遗产与发展现代科技相结合，科学研究与推广普及相结合。在《十年科技规划》执行期间，完成了全国耕地土壤普查、改良土壤、合理施肥、病虫害防治、改良土壤和栽培技术、治沙、治碱等许多研究实验项目。

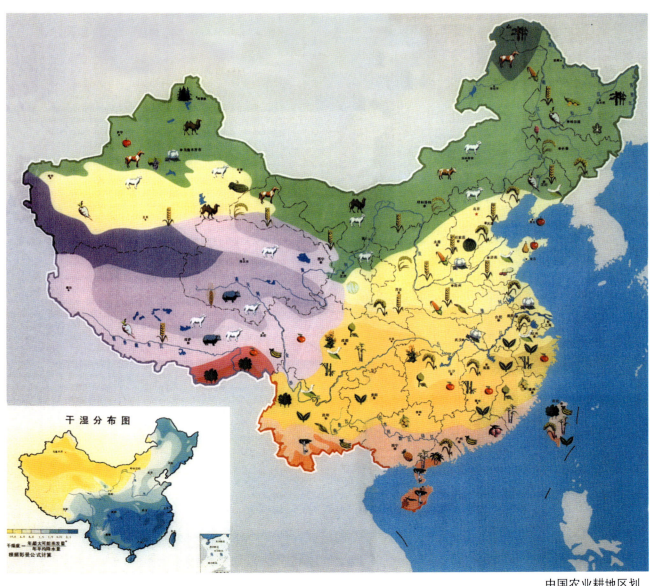

干湿分布图

中国农业耕地区划

杂交水稻

袁隆平的"东方魔稻"

　　袁隆平于1964年率先开展水稻杂种优势利用研究，最先发现了水稻雄性不育株，指出水稻具有杂种优势现象，并提出通过不育系、保持系、恢复系来利用杂种优势的设想。1972年他育成中国第一个水稻雄性不育系二九南1号A和相应的保持系二九南1号B；1973年育成第一个杂交水稻强优组合南优二号；1975年，他与协作组成员一起攻克了制种技术难关，从而使中国成为世界上第一个在生产上成功利用水稻杂种优势的国家。袁隆平带领他的科研队伍，赋予世界强大的战胜饥饿的力量。中国的杂交水稻因此被世界称为"东方魔稻"。

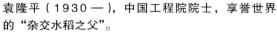

袁隆平（1930 —），中国工程院院士，享誉世界的"杂交水稻之父"。

[2] 工业科学技术成就

在国民经济中，工业起着主导作用。我国当时工业生产水平与世界先进水平有相当的差距，主要反映在工业技术方面。要在十年内，提高基础工业的技术水平，不失时机地建立新兴工业部门，把我国工业发展水平提高到世界20世纪60年代水平。只有如此，才能保证用20~25年的时间基本上实现农业的技术改革，才能适应国防现代化的要求，才能加速工业的发展，才能提供现代化的科学研究仪器和材料，使我国科学技术接近和赶上世界先进水平。为落实《十年科技规划》中的工业科学技术目标，广大科技人员通过"自力更生，艰苦奋斗"的努力，创造出许多科技成果，如设计建造了攀枝花钢铁基地、第二汽车制造厂、成昆铁路、万吨远洋巨轮、大型煤矿、大型水电站和火电站等，以及重型机械厂制造了工厂、矿山、铁路所需要的成套设备等。

中国第二汽车制造厂

1964年，党中央把建设中国第二汽车制造厂(以下简称二汽)纳入第三个五年计划的重点项目，周恩来总理代表党中央作出了"二汽厂址可以确定在湖北省的郧县的十堰地区进行建设"的批示。1967年4月1日，在大炉子沟举行开工典礼，从此掀起了二汽建设的高潮。二汽当初设计规模为三种基本车型，年产汽车20万辆。1975年7月1日，第一个基本车型——两吨半越野车生产基地建成投产；1978年7月15日，第二个基本车型——五吨载重车生产基地建成投产。

湖北十堰市是东风汽车集团（原中国第二汽车制造厂）总部所在地。全市与东风汽车公司配套的地方工业企业多达二百余家，具有很强的综合配套能力。

新中国科学技术发展历程（1949—2009）

东风号万吨货轮

东风号由江南造船厂承造，在"自力更生，奋发图强"的方针下，建造我国自主研发的万吨级远洋货轮是《十年科技规划》的重点项目之一，该货轮于1958年年初着手设计，仅三个半月就完成了整个施工设计图纸，创造了高速度设计大型船舶的纪录，这是我国第一艘自行设计自行建造的万吨级货轮。1959年4月15日，货轮下水，船台周期49天。它集中反映了当时我国船舶设计、制造水平以及船舶配套生产能力，为我国大批量建造万吨级以上大型船舶奠定了基础。东风号下水后，正赶上三年困难时期，我国面临着严峻的国际环境，配套设备绝大部分都需由我国自行研制，安装工程陷于停顿，船壳在黄浦江畔停泊了几年，一直到1965年年底内部安装全部完成并经过鉴定，东风号货轮的制造才宣告成功。1965年12月31日，东风号正式竣工交船。

东风号万吨巨轮在建设中

造船工业在短短的八年间，就造出了多艘万吨巨轮。图为上海中华船厂万吨轮的下水仪式。

成昆铁路建成通车

成昆铁路自成都南站至昆明，全长1091千米。1958年开工，1970年7月通车，1970年12月交付运营。线路穿越大小凉山，途经深两三百米的"一线天"峡谷。从金口河到埃岱58千米线路上有隧道44座。从甘洛到喜德120千米地段4次盘山绕行50千米，13次跨牛日河，其间有66千米隧道和10千米桥梁。过喜德后8次跨安宁河，在三堆子过金沙江。金沙江河谷是著名的断裂带地震区，线路在河谷3次盘山，47次跨龙川江，然后南下至昆明。

成昆铁路土石方工程近1亿立方米，隧道427座，延长345千米，桥梁991座，延长106千米，桥隧总延长占线路长度的41％。全线122个车站中有41个因地形限制而设在桥梁上或隧道内。这条铁路是西南地区的路网骨架，对开发西南资源，加速国民经济建设，加强民族团结和巩固国防都具有重要意义。

3 资源调查成就

《十年科技规划》的目标之一，是加强我国资源的综合考察，加强资源的保护和综合利用的研究，为国家建设提供必要的资源根据。为此，有关学者对黄河流域、长江流域和黄淮海平原等地区进行了大量的调查，拟订了治理和开发方案，实现了华北、盘锦、江汉、中原等地区油气资源的勘探和开发。

上图：建设中的成昆铁路
下图：中国西南地区的交通大动脉——成昆铁路运营以来，已成为发展西南经济的生命线和沟通边陲与我国其他地区的纽带。在地形复杂的四川、云南两省之间修筑的成昆铁路，其险峻程度，使这条铁路成为一个奇迹。

新中国科学技术发展历程（1949—2009）

新中国成立后，兴修水利，防治水害成了党和国家治国安邦的一件大事。在黄河中、上游的许多高山峡谷里，征服黄河的人们已经行动起来。

4 医学科学技术成就

医学领域的总目标是，在保护和增进人民健康、防治主要疾病和计划生育等方面的重要科学技术问题上，做出显著成绩。对影响国民经济建设和威胁人民健康较严重疾病的防治工作，有效地解决其中关键的科技问题，以控制和消灭这些疾病。在临床医学、预防和基础医学的理论和某些新技术在医学上的应用等方面取得重大成果，并形成有高度研究水平的医学科研中心。在总结中医的临床经验和对中医、针灸的研究工作中作出贡献；在用现代科学来整理研究我国丰富的医药遗产方面，形成比较完整的、更有效的方法。在药物、抗生素、生物制品和医疗器械的研究工作方面，为提高质量和增加新品种提出了科学依据，使药物和医疗器械基本上做到了自给自足。

结核病的防治

结核病是一种古老的疾病，同时也是世界上最主要的传染性疾病之一。我国结核病流行具有六大特点：一是感染人数多；二是患病人数多；三是新发患者多；四是死亡人数多；五是农村患者多，全国约80％的结核病患者集中在农村；六是耐药患者多，而且这一问题有继续加重趋势。新中国成立以来，在各级政府的重视与领导下，为提高结核病人发现率，已出台多项政策或措施，如扩大免费治疗范围，加强医疗机构中结核病人的登记与管理，设立结核病人督导管理制度等。多年来，在结核病防治人员的共同努力下，我国结核病防治工作取得了很大成绩，为保障人民身体健康作出了巨大贡献。

新中国成立后，我国许多地区建立了结核病防治所，为农村防痨工作提供了有利的条件。为预防儿童结核病开展了卡介苗接种，接种人数逐年增长。

总结和发扬传统医学——中医

中国传统医学是我国人民长期同疾病作斗争的极其丰富的经验总结,已有数千年的历史,是我国优秀民族文化的重要组成部分,是研究人体生理、病理以及疾病的诊断和防治的一门科学,与我国的人文地理和传统学术思想有着密切的联系。我国是一个幅员辽阔,人口众多的国家,在许多地方,特别是在拥有众多人口的广大农村,人们防病治病,还习惯采用传统治疗方法。传统医药不仅治病疗效可靠,副作用小,而且与现代医药相比,在预防、保健、养生、康复等方面具有一定的优势和潜力。中国的传统医学由中医学、民族医学和民间草医草药三部分组成。中国传统医学促进了中华民族的社会发展。随着时代的发展,现代科学技术在中国传统医学领域的应用也在不断扩大,出现了不少新的治疗方法和科研成果,使古老的中国传统医学焕发了青春。

郭士魁(1915—1981),中医内科专家,毕生致力于中医中药防治冠心病的研究,发展了活血化瘀、芳香温通的理论,与其他人员一起创制了冠心病Ⅱ号方、宽胸丸和宽胸气雾剂等名方。

中医研究院骨伤科的老大夫传承我国传统的正骨医术,有多年的行医经验,疗效很高。这是他和青年医生们一起在总结正骨经验。

消灭血吸虫病

血吸虫病在我国流行已久，对人民的危害极其严重。病害流行地区遍及江苏、浙江等十二个省、直辖市，患病人数有1000多万，受到感染威胁的人口则在1亿以上。血吸虫病严重地影响着病害流行地区的农业生产，如果任其继续蔓延下去，势将危及人民群众的健康和国家繁荣。因此，消灭血吸虫病成为当时一项重要的政治任务，必须充分地发动血吸虫病流行地区的广大群众，坚决地为消灭这一病害而斗争。1957年，国务院颁布了关于消灭血吸虫病的指示，鉴于在血吸虫病流行地区中，有些地方还兼有其他严重的病害流行。因此，血吸虫病流行地区各级人民委员会在防治血吸虫病工作中，准备条件，逐步结合防治其他危害严重的疾病。在血吸虫病流行的少数民族地区，布置和推动防治工作时，充分地照顾到人们的生活、生产习惯和宗教风俗特点，耐心地进行宣传教育，稳步地进行防治工作，在经济上和技术上给予他们大力的帮助和支持。

上图：血吸虫寄生于人和哺乳动物的肠系膜静脉血管中，雌雄异体，发育分成虫、虫卵、毛蚴、母胞蚴、子胞蚴、尾蚴及童虫七个阶段。图为显微镜下的血吸虫成虫。
下图：血吸虫病是由于人或哺乳动物感染了血吸虫所引起的一种疾病。人得了血吸虫病会严重损害身体健康。图为江苏省太仓县的医务人员在农村调查血吸虫病害情况。

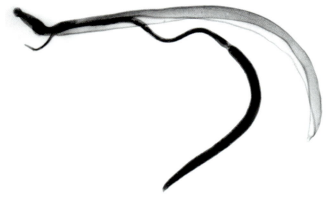

麻风病的治疗与预防

1956年1月，中共中央颁布的《全国农业发展纲要（草案）》中明确了麻风病应当积极防治的任务后，中国医学科学院皮肤病研究所多次承担全国性的麻风防治任务。麻风病是由麻风杆菌引起的一种慢性接触性传染病，主要损害人体皮肤和神经，如果不治疗可引起患者皮肤、神经、四肢和眼的进行性和永久性损害。麻风病的流行历史长久，分布广泛，给流行区人民带来深重灾难。控制和消灭麻风病，坚持"预防为主"的方针，贯彻"积极防治，控制传染"的原则，执行"边调查、边隔离、边治疗"的做法，积极发现和控制传染病源，切断传染途径；同时，提高周围自然人群的免疫力，对流行地区的儿童、患者家属以及麻风菌素及结核菌素反应均为阴性的密切接触者给予卡介苗接种，或给予有效的化学药物进行预防性治疗。

刘吾初（1924 —），麻风病学专家。他千方百计地解除患者痛苦，为麻风事业贡献出了全部心血与才智。

针刺麻醉

中国针刺麻醉始于1958年，简称针麻。上海中医药大学附属曙光医院成功地采用针刺麻醉，为一位69岁的男性患者进行了心脏主动脉瓣置换术。针麻是将针刺入经穴，经过一定的诱导时间，发挥针刺的一系列调整作用，特别是镇痛作用，以适应各种手术的麻醉技术，这是在得到了麻醉的效果后，在患者清醒状态下施行外科手术的一种麻醉方法，该方法曾经让来华交流的西方外科医生目瞪口呆。1971年后传到国外，已有不少国家相继使用，取得初步成功。

针刺麻醉使用的工具比较简单，不需要复杂的麻醉器械，操作较易掌握。针刺麻醉具有安全、有效、生理扰乱少、术后恢复快、简便易行等优点。

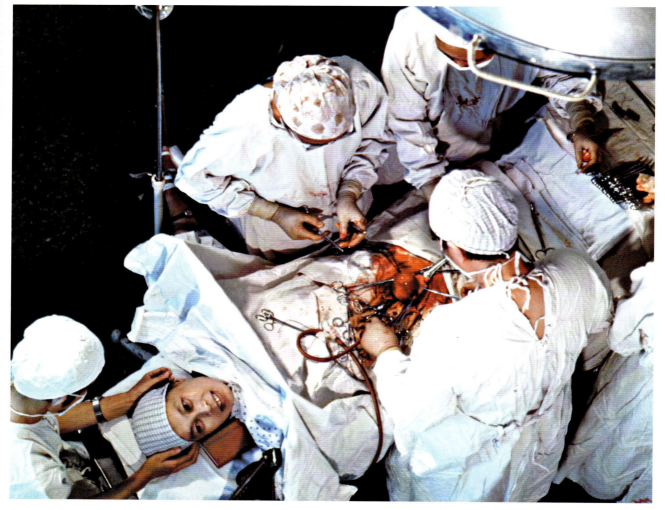

5 1964年 北京科学讨论会

1964年8月21~31日，1964年北京科学讨论会在北京隆重召开。亚洲、非洲、拉丁美洲、大洋洲的44个国家和地区的367位科学家参加了这次空前盛会。各国代表包括自然科学、社会科学两方面的专家。中国代表团由61人组成，另有特邀代表32人。周培源任团长，张劲夫、范长江、张友渔、张维、钱信忠、于光远任副团长。会议交流了科学研究的成果和经验，探讨了争取和维护民族独立，发展民族经济、文化和科学事业，促进各国间科技合作等大家共同关心的问题。会议期间，党和国家领导人毛泽东、刘少奇、朱德、周恩来、邓小平、彭真、陈毅、聂荣臻、谭震林、陆定一、罗瑞卿、林枫、杨尚昆、叶剑英、郭沫若、包尔汉、张治中接见了与会代表。会议对四大洲各国以及全世界科学事业的进一步发展，产生了重大和深远的影响。

参加1964年北京科学讨论会的代表在会议期间进行参观考察

毛泽东等党和国家领导人接见1964年北京科学讨论会代表

1964 年 8 月 21 ~ 31 日，1964 年北京科学讨论会在北京隆重举行。

6 技术科学领域成就

技术科学正处于一个飞跃发展的阶段，成为现代科学技术体系中一个重要的组成部分。基础科学、技术科学和工程技术三者的密切结合，对贯彻理论联系实际的原则和提高科学技术水平具有重大意义。技术科学各学科的任务是，着重研究工业生产和工程技术各部门中具有共同性的科学理论，以解决多方面的工业生产和工程技术问题。一方面综合运用基础科学的研究成果；另一方面总结生产实践经验，把二者紧密结合起来，发展为系统理论。技术科学的发展目标是，密切配合国防和经济建设需要，研究解决关键性的技术科学问题，大力培养科技人才队伍，发展现代化实验技术，争取在一些重要领域接近或赶上世界先进水平。

中国长征系列火箭

中国第一颗科学实验人造地球卫星

1971年3月3日，我国成功地发射了一颗科学实验人造地球卫星，卫星重221千克。其运行轨道距地球最近点266千米，最远点1826千米，轨道平面与地球赤道平面的夹角为69.9° 绕地球一周需106分钟。它用20009兆赫和19995兆赫的频率成功地向地面发回了各项科学实验数据，卫星上带有宇宙线、X射线、高磁场和轨道外热流探测器，使我国首次用卫星获取了空间物理数据。

1971年3月3日，我国发射了第一颗科学实验人造地球卫星。

激光受控核聚变

核聚变能释放出巨大的能量，要利用人工核聚变产生的巨大能量为人类服务，就必须使核聚变在人们的控制下进行，这就是受控核聚变。实现受控核聚变，具有极其诱人的前景。但是人们现在还不能进行受控核聚变，这主要是因为进行核聚变需要的条件非常苛刻。发生核聚变需要在 1 亿℃的高温下才能进行，因此又叫热核反应。可以想象，没有什么材料能经受得起如此的高温。此外，还有许多难以想象的困难需要去克服。尽管存在着许多困难，人们经过不断的研究已取得了可喜的进展。科学家设计了许多巧妙的方法，如用强大的磁场来约束反应，用强大的激光来加热原子等。我国的受控核聚变研究始于 20 世纪 50 年代中期，核工业西南物理研究院（1965 年成立）和中国科学院等离子体物理研究所（1978 年成立）是我国两家专业从事磁约束核聚变研究的单位。中国科学技术大学、清华大学、华中科技大学、北京科技大学等有关实验室也在开展相关的研究工作。

1975 年，为了验证激光具有压缩靶物质的能力，上海光学精密机械研究所建立了一座输出功率为千亿瓦的六路大功率激光打靶实验装置。这是工作人员对激光核聚变靶室进行调整。

7 基础科学领域成就

基础科学的发展，对于工业、农业、医学以及军事科学技术等的发展都具有深远的影响。许多重大的技术上的革新和新型生产技术部门的出现，同现代基础科学研究的新成就分不开，并且往往就是在实践中直接应用基础科学研究成果的结果。基础科学研究所达到的水平，标志着整个自然科学研究所达到的水平。大力发展基础科学的研究，已经成为现代各科学技术先进国家的一个重要科技政策。

基础科学的主要目标是，加速发展基础科学和技术科学，充实科学理论的储备，加强科学调查和实验资料的积累，建立和加强重要的和空白薄弱的部门。有效地配合解决我国社会主义建设中的重大科技问题，特别是要在配合农业攻关和尖端技术发展上作出贡献，并在某些重大科学理论问题上取得重要成果。同时积极培养人才，有计划地建立、充实研究中心和实验基地，形成我国现代基础研究体系。

陈景润的哥德巴赫猜想

研究哥德巴赫猜想是陈景润中学时代就定下的志向，为此，他一心一意地奋斗一生。陈景润选用筛法去解决问题，这需要进行大量繁复的计算。他专心致志、心无旁骛，把自己关在一间仅有6平方米的宿舍里，过着一种类似隐居的生活。桌面上、地板上、床铺上、木箱上，都堆满了他的稿纸。他运算过的稿纸装满麻袋塞在

陈景润（1933—1996），数学家，中国科学院学部委员（院士）。

床底下。经过许多个日夜不懈的努力探索，陈景润终于写出了论文，登上了"1+2"的台阶。此前5位外国数学家证明"1+3"时用的是大型电子计算机。而陈景润单枪匹马用一支旧钢笔证明了"1+2"，即任何一个充分大的偶数都可以表示成为一个质数与另一个质因子不超过两个数的和。这一成果被称为"陈氏定理"。至此，哥德巴赫猜想只剩下最后一步了。陈景润于1966年发表了哥德巴赫猜想。他在研究哥德巴赫猜想和其他数论问题上的成就，至今仍然在世界上遥遥领先。他本人也被称为"哥德巴赫猜想第一人"。

竺可桢对中国古气候研究取得成果

竺可桢是中国近代地理学和气象学的奠基人。1961年他撰写了《历史时代世界气候的波动》，1972年他又发表了《中国近五千年来气候变迁的初步研究》等学术论文。前者依据北冰洋海冰衰减、苏联冻土带南界北移、世界高山冰川后退、海面上升等有关文献资料记述的地理现象，证明了20世纪全球气候逐步转暖，并由此追溯了历史时期和第四纪世界气候、各国水旱寒暖转变波动的历程，发现17世纪后半期长江下游的寒冷时期与西欧的小冰期相一致。从而指出：太阳辐射强度的变化，可能是引起气候波动的一个重要原因。这为历史气候的研究提供了新的论据，是他数十年深入研究历史气候的心血结晶，是一项震动国内外的重大学术成就。他充分利用了我国古代典籍与方志的记载以及考古的成果、物候观测和仪器记录资料，进行去粗取精、去伪存真的研究，得出了令人信服的结论。

竺可桢（1890—1974），地理学家和气象学家，气象学的奠基人，中国科学院学部委员（院士）。

新中国成立后，大批优秀的科技工作者，包括许多在国外已经有杰出成就的科学家，怀着对新中国的满腔热忱，义无反顾地投身到建设新中国的神圣而伟大的事业中来。他们在当时国家经济、技术基础薄弱和工作条件十分艰苦的情况下，自力更生，发愤图强，完全依靠自己的力量，用较少的投入和较短的时间，突破了原子弹、导弹和人造地球卫星等尖端技术，取得了举世瞩目的辉煌成就。

对于中国而言，"两弹一星"的精神就是创造科技奇迹的态度与过程；是爱国主义、集体主义、社会主义精神和科学精神的体现；是中国人民在 20 世纪为中华民族创造的新的宝贵精神财富。我们要继续发扬光大这一伟大精神，使之成为全国各族人民在现代化建设道路上奋勇开拓的巨大推动力量。

1964 年 10 月 16 日，中国成功爆炸了第一颗原子弹。

原子弹和氢弹

中国发展核武器是在特定的历史条件下，迫不得已作出的决定。20 世纪 50 年代初，刚刚成立的新中国仍然受到战争的威胁，包括核武器的威胁。严峻的现实使中国国家领导人意识到，中国要生存、要发展，就必须拥有自己的核武器，铸造自己的利剑和盾牌。1964 年 10 月 16 日我国第一颗原子弹成功爆炸，1967 年 6 月 17 日我国又成功地进行了首次氢弹试验，打破了超级大国的核垄断、核讹诈政策，为维护世界和平作出了贡献。

第一颗人造地球卫星

1970 年 4 月 24 日，中国第一颗人造地球卫星东方红一号发射成功，这在中国航天史上具有划时代的意义，中国从而成为继苏联、美国、法国、日本之后第五个能够独立发射卫星的国家。东方红一号人造地球卫星是用中国自己研制的长征一号运载火箭在酒泉卫星发射场发射的。这颗卫星是一个直径约 1 米的球形多面体，体重 173 千克，比苏联及美、法、日的第一颗人造卫星总重量之和还重。其轨道的近地点为 439 千米，远地点为 2388 千米，轨道平面和地球赤道平面的夹角为 68.5°，绕地球一周的时间为 114 分钟。把这颗卫星送上太空的长征一号运载火箭是一种三级固体混合型火箭，分别采用液体和固体火箭发动机，全长约 30 米，起飞重量 81.6 吨。东方红一号的发射成功，为中国航天技术的发展打下了极为坚实的根基，带动了中国航天工业的兴起，使中国的航天技术与世界航天技术前沿保持同步，标志着中国进入了航天时代。

新中国科学技术发展历程（1949—2009）

"两弹一星"功勋奖章获得者

"两弹一星"是新中国伟大成就的象征，是中华民族的骄傲。1999 年，在全国各族人民喜迎新中国 50 华诞之际，党中央、国务院、中央军委隆重表彰了为我国"两弹一星"事业作出卓越贡献的功臣。

上图：1970 年 4 月 24 日，我国成功发射了第一颗人造地球卫星。
下图：1967 年 6 月 17 日，我国成功爆炸了第一颗氢弹。

"两弹一星"功勋奖章获得者（按姓氏笔画排序）：于敏、王大珩、王希季、朱光亚、孙家栋、任新民、吴自良、陈芳允、陈能宽、杨嘉墀、周光召、钱学森、屠守锷、黄纬禄、程开甲、彭桓武；追授王淦昌、邓稼先、赵九章、姚桐斌、钱骥、钱三强、郭永怀共23位作出突出贡献的科技专家。

第三章
科学的春天

1949年新中国成立后，祖国母亲彻底摆脱了被压迫的境地，中国这头东方睡狮开始慢慢觉醒，但仍步履维艰。

1978年3月18～31日，中共中央、国务院在北京隆重召开了全国科学大会，邓小平同志在大会上着重阐述了"科学技术是生产力"这一马克思主义的基本观点，突出强调了科学技术在经济社会发展中的重要战略地位，明确指出"现代化的关键是科学技术现代化"；肯定了科技工作者在科技活动中的主体地位，明确指出"知识分子是工人阶级的一部分"，强调要尊重知识，尊重人才。这些论断澄清了束缚科技发展的重大理论是非问题，突破了长期以来禁锢知识分子的桎梏，奠定了我国新时期科技发展基本方针政策的思想理论基础，极大地鼓舞了全国科技工作者的创新热情。从此拉开了中国科技体制改革的序幕，标志着中国科学春天的到来！

1978年3月，邓小平出席中共中央召开的全国科学大会开幕式。

　　1978年12月在北京召开的党的十一届三中全会，是新中国成立以来党的历史上具有深远意义的重要会议，它从根本上冲破了长期"左"倾错误的严重束缚，端正了党的指导思想，重新确立了党的马克思主义的正确路线。在拨乱反正以后，作出把党的工作重心转移到社会主义现代化建设上来的决定，从此中国开始对计划经济体制进行改革。1979年，农村推广家庭联产承包责任制。1984年，中国作出了经济体制改革的决定。春风化雨，锐意改革，在"发展高科技，实行产业化"的伟大号召下，确立了中国经济、科技发展的指导思想，明确了科技目标和任务。最终，科学春天播下的种子花开满枝，硕果累累，科技发展给伟大祖国带来了欣欣向荣，地覆天翻的辉煌变化。

科学春天的到来

新中国科学技术发展历程（1949—2009）

这场中国历史上从未有过的大改革、大开放极大地调动了亿万人民的积极性，使我国成功实现了从高度集中的计划经济体制到充满活力的社会主义市场经济体制、从封闭半封闭到全方位开放的伟大历史转折。事实雄辩地证明：改革开放是决定当代中国命运的关键抉择，是发展有中国特色社会主义、实现中华民族伟大复兴的必由之路；改革开放是发展中国特色社会主义的强大动力，只有社会主义才能救中国，只有改革开放才能发展中国，发展社会主义，发展马克思主义。

1978年的初春下了一场瑞雪之后，天气就一天天转暖。但天气仍是乍暖还寒。一场声势浩大的思想解放运动正在中国大地上酝酿着，激荡着，并势不可挡地生发开来。在全国科学大会的会场上，人们看到了许多劫后余生的老朋友们的熟悉身影：王大珩、马大猷、王淦昌、叶笃正、贝时璋、朱光亚、任新民、严东生、严济慈、

1978年3月18日，中共中央在北京隆重召开全国科学大会，近六千名科技工作者济济一堂，揭批"四人帮"、交流经验、检阅成绩、讨论规划，这在新中国成立以来是第一次。

苏步青、杨石先、杨钟健、吴仲华、吴吉昌、吴征镒、沈鸿、张维、张文佑、张文裕、张光斗、张钰哲、陆孝彭、陈景润、茅以升、林巧稚、金善宝、姜圣阶、钱三强、钱学森、高士其、唐敖庆、黄昆、黄秉维、黄汲青、黄家驷、梁守槃、彭士禄、童第周……人们开始打破禁区，去思考一些过去不敢想的深层问题，积极寻求新的答案。邓小平在全国科学大会上的讲话，无疑是一篇气势磅礴的解放知识分子的宣言，是一面呼唤新时代曙光的旗帜。科学技术，这一关系到中华民族命运和生存的严肃命题，从来没有得到过如此完整、系统的阐述，从来没有如此庄严地列入党和国家的重要议程。多少科学家在身受迫害的时候都没有流下过一滴泪，然而，在对科学的春天热情澎湃的呼唤中，他们个个热泪盈眶，春雷般的掌声久久地回响在人民大会堂的上空。现在，科学的春天来了，人们仿佛一天之内就唤回了青春，走路变得轻快了，个个目光炯炯有神，那种喜悦的心情似乎只有"漫卷诗书喜欲狂"才能形容。广大科技工作者从心底感到，自己终于站到用才学报效祖国的新起点了。

1978 年 3 月，邓小平接见数学家陈景润。

1 邓小平南巡讲话

1992年年初，邓小平先后到武昌、深圳、珠海、上海等地视察，并发表了一系列重要讲话，通称南巡讲话。他在讲话中指出：不坚持社会主义，不改革开放，不发展经济，不改善人民生活，就没有出路。革命是解放生产力，改革也是解放生产力。改革开放的胆子要大一些，敢于试验，看准了的，就大胆地试，大胆地闯。要提倡科学，靠科学才有希望。要坚持两手抓，一手抓改革开放，一手抓打击各种犯罪活动，这两手都要硬。讲话解开了人们思想中普遍存在的疑虑，肯定了响遍全国的"时间就是金钱，效率就是生命"的口号。重申了深化改革、加速发展的必要性和重要性，并从中国实际出发，站在时代的高度，深刻地总结了十多年改革开放的经验教训，在一系列重大的理论和实践问题上，提出了新思路，有了新突破，将建设有中国特色社会主义理论大大地向前推进了一步。

2 建立经济特区

1980年8月26日，全国人大常委会正式通过并颁布《广东省经济特区条例》，中国经济特区诞生了。深圳经济特区是邓小平同志亲自开辟的最早的改革开放的试验地之一。当年世纪伟人邓小平在一个边陲小镇画的"圈"——深圳经济特区，如今已变成一座高度现代化的城市。

1992年1～2月，88岁高龄的邓小平视察了武昌、深圳、珠海、上海等地，发表了重要讲话。图为邓小平在深圳。

深圳特区的城市面貌

经济特区在对外经济活动中采取较国内其他地区更加开放和灵活的特殊政策，是中国政府允许外国企业或个人以及华侨、港澳同胞进行投资活动并实行特殊政策的地区。在经济特区内，对国外投资者在企业设备、原材料、元器件的进口和产品出口、公司所得税税率、外汇结算和利润的汇出、土地使用、外商及其家属随员的居留和出入境手续等方面提供优惠条件。也就是说，经济特区是我国采取特殊政策和灵活措施吸引外部资金、特别是外国资金进行开发建设的特殊经济区域，是我国改革开放和现代化建设的窗口、排头兵和试验场。

目前我国开发的特区有：深圳（2020平方公里）、珠海（1687.8平方公里）、厦门（1565平方公里）、汕头（2064平方公里）、海南（33920平方公里）。实际上，现在各个省、各个市都还有自己的实行特殊经济政策的区域，在某种意义上也是经济特区，只不过没有正式的国家级名义而已。

经济特区现已表现出强大的生命力：第一，经济持续高速增长，发展水平跃居全国前列；第二，改革不断取得新突破，社会主义市场经济体制基本建立；第三，对外开放成就显著，全方位开放格局已经形成；第四，科技创新能力明显增强，高新技术产业蓬勃发展；第五，人民生活水平大幅提升，三大文明共同进步；第六，城市建设和管理日趋现代化，城市面貌焕然一新。

珠海洪湾燃机发电厂是首家进入珠海洪湾开发区的企业，电厂的建成为珠海的经济发展作出了积极的贡献，同时也为珠海经济的进一步发展提供了必不可少的电力保障。

3 乡镇企业兴起

　　乡镇企业指以农村集体经济组织或者农民投资为主，在乡镇（包括所辖村）举办的承担支援农业义务的各类企业，是中国乡镇地区多形式、多层次、多门类、多渠道的合作企业和个体企业的统称，包括乡镇办企业、村办企业、农民联营的合作企业、其他形式的合作企业和个体企业五级。乡镇企业行业门类很多，包括农业、工业、交通运输业、建筑业以及商业、饮食、服务、修理等企业。20世纪80年代以来，中国乡镇企业获得迅速发展，对充分利用乡村地区的自然及社会经济资源、向生产的深度和广度进军，对促进乡村经济繁荣和人们物质文化生活水平的提高，改变单一的产业结构，吸收数量众多的乡村剩余劳动力，以及改善工业布局、逐步缩小城乡差别和工农差别，建立新型的城乡关系均具有重要意义。发展乡镇企业已成为中国农民脱贫致富的必由之路，也是国民经济的一个重要支柱。

华西村成立了江苏华西实业总公司，当时有大小38个工厂，其中5个是中外合资企业。农民生活日益改善。图为华西精毛纺厂的一个车间。

全面安排 突出重点

——《八年科技规划纲要》的实施

1977年8月，在科学和教育工作座谈会上，邓小平同志指出，我们国家要赶上世界先进水平，须从科学和教育着手。科学和教育目前的状况不行，需要有一个机构，统一规划，统一协调，统一安排，统一指导协作。随后，各地方、各部门开始启动规划研究编制工作。1977年12月，在北京召开全国科学技术规划会议，动员了1000多名专家、学者参加规划的研究制定。1978年3月全国科学大会在北京隆重举行，大会审议通过了《1978—1985年全国科学技术发展规划纲要（草案）》。同年10月，中共中央正式转发《1978—1985年全国科学技术发展规划纲要》（简称《八年科技规划纲要》）。

「1」出台的科学计划和相关工作

国家科技攻关计划

国家科技攻关计划（以下简称攻关计划）是国家指令性计划。它的出台，标志着我国综合性的科技计划从无到有，成为我国科技计划体系发展的里程碑。该计划自1983年开始实施以来，在科技促进农业发展、传统工业的技术更新、重大装备的研制、新兴领域的开拓以及生态环境和医疗卫生水平的提高等方面都取得了重大进展，解决了一批涉及国民经济和社会发展中难度较大的技术问题，对我国主要产业的技术发展和结构调整起到了重要的先导作用；同时造就了大批科技人才，增强了科研能力和技术基础，使我国科技工作的整体水平有了较大提高。

重大科技装备研制计划

重大科技装备研制计划是1983年推出的，是国家指令性科技计划。该计划主要支持对国民经济建设有重大影响的重大技术装备研制。为了保证经济发展的战略重点，确定对以下十套重大建设项目的成套技术装备，组织各有关方面的力量，引进国外先进技术进行研究、设计和制造：①年产千万吨级的大型露天矿成套设备；②大型火力发电成套设备；③三峡水电枢纽工程成套设备；④单机容量百万千瓦级的大型核电站成套设备；⑤超高压交流和直流输变电成套设备；⑥宝山钢铁总厂第二期工程成套设备；⑦年产30万吨乙烯成套设备；⑧大型复合肥料成套设备；⑨大型煤化工成套设备；⑩制造大规模集成电路的成套设备。

国家技术开发计划

国家技术开发计划是国家科技计划的主体之一，其目的是运用计划、财政、信贷等行政、经济手段，调动大中型企业进行科技开发的积极性，增强企业技术开发能力，开发技术水平高、经济效益显著、适销对路的新产品、新技术，促进产品结构和产业结构的调整。

国家重点实验室建设计划

国家重点实验室建设计划于1984年开始执行。国家重点实验室作为国家科技创新体系的重要组成部分，是国家组织高水平基础研究和应用基础研究、聚集和培养优秀科学家、开展高层次学术交流的重要基地。国家重点实验室是依托一级法人单位建设、具有相对独立的

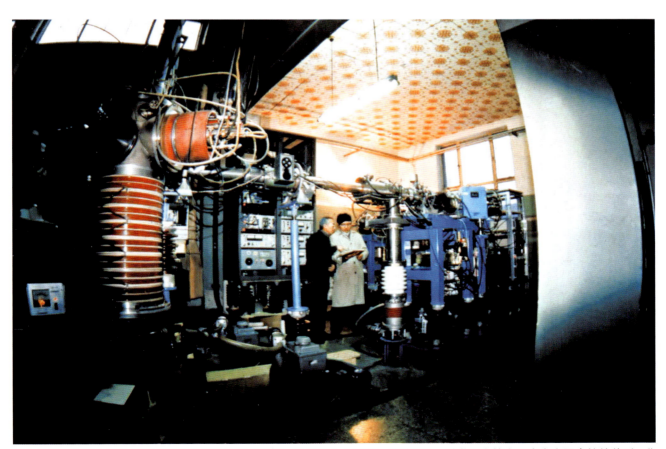

100年来，北京大学秉承爱国传统和优秀的学术传统，始终在人才培养、学科建设、科学研究等方面走在中国高校的前列。北京大学有12个国家重点实验室、4个重点学科实验室。

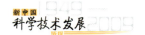

人事权和财务权的科研实体，实行"开放、流动、联合、竞争"的运行机制。国家重点实验室围绕国家发展战略目标，面向国际竞争，为增强科技储备和原始创新能力，开展基础研究、应用基础研究。国家重点实验室在科学前沿的探索中具有创新思想，或满足国民经济、社会发展及国家安全需求，在重大关键技术创新和系统集成方面成果突出；或积累基本科学数据、资料和信息，并提供共享服务，为国家宏观决策提供科学依据。

国家重点工业性试验计划

国家重点工业性试验计划于1984年开始执行，该计划的主要任务是：促使科技成果尽快转化为生产力，将中间试验成果放大到一定规模进行试验，验证该项技术和设备的可行性和经济合理性。该计划是国家和地方两级科技计划，所需资金主要由国家、地方或部门配套和项目承担单位自筹等几部分组成。

国家重点新技术推广计划

国家重点新技术推广计划是一项国家指导性科技计划，主要面对企业。其目的主要是使科技成果尽快转化为生产力，为经济建设服务。其中包括新技术、新工艺、新材料、新设计、新设备及农业新品种等。用新技术改造传统产业，提高生产技术水平和经济效益。

国家重大科学工程

1983年，我国政府从发展高科技、在世界高科技领域占有一席之地的战略目标出发，实施国家重大科学项目计划。重大科学工程指科学研究过程中所需要的大型现代化关键仪器装备。由于其建造水平高、难度大、投资多，因此国家重大科学工程是一个国家科技实力的重要标志。

国家重点工程——宁夏化工厂

新中国科学技术发展历程（1949—2009）

2 科学技术研究的主要任务实施情况

《八年科技规划纲要》是我国发展科学技术的第三个长远规划。该规划对自然、农业、工业、国防、环保等27个领域和基础学科、技术科学的研究任务进行了安排。其中，又把农业、能源、材料、电子计算机、激光、空间技术、高能物理、遗传工程8个影响全局的综合性科学技术领域作为重中之重，且在实施过程中作了较大调整，并制定了相关政策。从当时的国力情况看，规划任务、目标明显表现出要求过高、规模过大的倾向。随着工业重心的转移，科技界进一步明确了科技要面向经济建设的战略方针。

1985年3月13日，中共中央颁发了《关于科技体制改革的决定》，指出：科学技术体制改革的根本目的，是使科学技术成果迅速地、广泛地应用于生产，使科学技术人员的作用得到充分发挥，大大解放科学技术生产力，促进经济和社会的发展。

该《决定》颁布后的几年里，一些配套改革措施逐步初稿与推广，科技体制改革工作在全国上下普遍开展起来。

科研人员积极开展科学实验

1. 农业科学技术任务的推进

　　按照"以粮为纲、全面发展"的方针，进行农、林、牧、副、渔资源综合考察，为合理区划和开发利用提供科学依据。全面贯彻农业"八字宪法"，保证农业的高产稳产。发展与机械化相适应的耕作制度和栽培技术。解决南水北调工程及有关的科学技术问题。在改良低产土壤和治理水土流失、风沙干旱方面取得重大进展。全面提高良种的高产、优质和抗逆性能。发展复合肥料，实行科学施肥。研究生物和化学模拟固氮。尽快解决作物病虫害综合防治技术。加强林、牧、渔各业的科学研究，研制农、林、牧、渔业的各种高质量高效率的机械和机具；建立农业现代化综合科学实验基地；加强农业科学基础理论的研究。

区域治理和综合发展大显成效

　　"六五"以来，国家在黄淮海平原、三江平原、黄土高原、北方干旱地区及南方红黄土壤地区等主要生态区域建立了50个生态农业综合实验区，取得了大批实验成果，这些成果的应用目前已经取得了显著的社会效益和经济效益。例如，治理前的三江平原一片荒凉，治理后变成了现代化的农产品生产基地；治理前的黄淮海平原是一片寸草不生的白茫茫的盐碱地，治理后变成了华北米粮仓。

黄淮海平原是华北米粮仓

开垦三江平原

农作物良种选育硕果累累

农业科学技术领域取得的成果。在农畜育种方面，育成小麦新品种30多个，区域实验面积达4000万亩，占全国小麦播种的10%。一般增产5%～10%；育成水稻新品种达40个，推广5000万亩，平均每亩增产50千克左右；育成蔬菜品种46个，并进行了大面积推广；马铃薯颈尖脱毒技术趋于完善，找到了防治马铃薯因病毒侵入导致退化减产的技术，平均亩产提高50%～100%，基本解决了全国种薯繁育体系的技术问题；黄羽肉鸡筛选出优质型杂交组合4个，快速生长型杂交组合5个，一般比地方品种增重50%，饲料消耗降低1/3。

当时中国的作物种质资源保存在世界上仅次于美国和苏联。这种优势为我国作物良种选育提供了丰富的后备资源，促进了农作物品种选育技术不断取得新突破，新品种选育硕果累累。

这是小麦和黑小麦进行有性杂交技术过程中的套袋。这些新培育的优良品种，一般可以比原来的品种增产20%～40%，大大提高了单位产量。

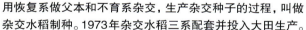

用恢复系做父本和不育系杂交，生产杂交种子的过程，叫做杂交水稻制种。1973年杂交水稻三系配套并投入大田生产。

鲁棉 1 号获得大面积高产、稳产

鲁棉1号是山东省棉花研究所选育的一个新品种,实现了棉花高产、稳产。棉铃虫是棉花大面积生产的主要虫害,严重发生的年份导致棉花大幅度减产,与棉花枯、黄萎病一起构成棉花丰产的主要障碍因子。鲁棉1号利用杂种优势将转Bt基因棉的选育与棉花杂种优势利用有机地结合起来,同步提高棉花产量和抗虫性,使育成的新品种在生产实践中能够实现高产、稳产。1978年,农业部种子局在长江流域和黄河流域两大棉区安排了14处试点,多数试点反映很好。

鲁棉 1 号获得大面积丰收

鲁棉 1 号是山东省棉花研究所的科技人员应用放射性同位素钴 –60 放出的伽玛射线处理棉花杂交的后代育成的,与其他品种的棉花相比优点十分显著。

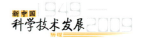

新中国科学技术发展历程（1949—2009）

李登海的杂交玉米显现广阔前景

在当今世界玉米栽培史上，有档案记载的有两个人，一个是美国先锋种子公司的创始人、世界春玉米高产纪录的保持者华莱氏；另一个是李登海——世界夏玉米高产纪录的创造者。在我国育种领域，也有"南袁北李"之说。"南袁"是指杂交水稻之父袁隆平，"北李"就是指李登海，他是紧凑型玉米研究的创始者，被称为"杂交玉米之父"。

李登海提出的株型与杂种优势互补的论点、杂种优势与群体光能有机结合的论点，在育种理论上都是新的突破。他用自己选育的"478"自交系组配的杂交种，表现出高光效、株型茎叶夹角小、叶片挺直上冲的紧凑型玉米理想特征，其叶向值、消光系数、群体光合势、光合生产率等生理化指标更趋合理，实现了种植密度、叶面积指数、经济系数和较高密度下单株粒重"四个突破"。玉米种植密度每亩平均增加1000～1500株。在李登海掖单13号、掖单12号育成不久，我国著名的玉米专家佟屏亚、黄舜阶等就指出：李登海的良种为我国紧凑型玉米的种植展示了广阔前景。

山东莱州市玉米研究所的高级农艺师李登海（中）在观察良种玉米生长情况。该项目曾荣获国家星火奖一等奖。他示范推广了25个紧凑型玉米新品种，累计推广面积达5.2亿亩，增产粮食450亿千克。

90

辽宁发现侏罗纪被子植物——古果

1990年，中国科学院南京地质古生物研究所研究员孙革等科技工作者在黑龙江省鸡西地区首次发现了白垩纪重要早期被子植物化石和原位花粉。1996年，被确定为辽宁古果，从而使东北地区早期被子植物研究取得重要进展。1998年11月27日，《科学》杂志以封面文章发表了孙革等撰写的《追索最早的花——中国东北侏罗纪被子植物：古果》的论文，从而使辽宁古果终于得以在世界的注视下显露它的"庐山真面目"。辽宁古果为古果科，包括辽宁古果和中华古果，它们的生存年代为距今1.45亿万年的中生代，比以往发现的被子植物早1500万年，被国际古生物学界认为是迄今最早的被子植物，就此，为全世界的有花植物起源于我国辽宁西部提供了有力的证据。从辽宁古果化石表面上看，化石保存完好，形态特征清晰可见。

辽宁发现的侏罗纪被子植物——古果化石

图为化石发现者孙革和年轻的助手们正在研究观察辽宁古果

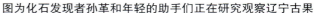

2. 能源科学技术的实施

采用各种勘探开发新技术，探明更多的油气储量，提高钻井、采油采气水平，发展石油地质理论。重点煤矿实现综合机械化，开展煤的气化、液化研究，发展大型高效电站和高压输电网，建设原子能电站，抓紧研究太阳能、地热能和沼气等的利用，积极探索新能源，研究能源的合理利用和节能技术。

石油勘探开发

我国广泛发育海相和陆相叠合沉积盆地。长年来勘探主要在陆相层系中进行，其中在东部地区发现了大庆、胜利和任丘等一系列大油田之后，发现新油田的难度越来越大。在已知油田外围，寻找新储量是保证老油田稳产的重要途径。

重点煤矿实现综合机械化

综合机械化采煤工艺，是指回采工作面中采煤的全部生产工艺，如破煤、装煤、运煤、支护和顶板管理等采煤过程都实现了机械化。此外，顺槽运输也相应实现了机械化，充分发挥了综采设备的效能。随着综采装备的不断进步，综采工作面单产和效率也日益提高。

综合机械化采煤工艺

胜利油田复杂的地质条件，使油层多为裂缝性的石油和天然气储层，为提高出油的概率，就需要打定向斜井。

大亚湾核电站的建成

大亚湾海域面积达488平方公里,黄金海岸线达52千米。大亚湾核电站坐落在深圳市的东部,离香港直线距离45千米。作为中国第一座大型商用核电站,1994年投入商业运行,是中国最大的中外合资企业,也是中国内地建成的第二座核电站,是大陆首座使用国外技术和资金建设的核电站。此后,在大亚湾核电站旁又建设了岭澳核电站,两者共同组成一个大型核电基地。

3. 材料科学技术

按照工业以钢为纲的方针,发展矿山强化开采技术,攻下红矿选矿科学技术关和富铁矿成矿规律与找矿方法,解决多金属共生矿资源的综合利用问题,掌握一系列现代化冶金新技术;研制国防工业和新兴技术所需的各种特殊材料和复合材料。高速度发展水泥和轻质、高强、多功能新型建筑材料;研究以油、气、煤为基础的有机原料合成技术,发展合成材料新工艺,加强催化理论研究;开展材料科学的基础研究,发展新的实验测试技术,逐步达到按指定性能设计新材料。

大亚湾核电站的建成标志着我国和平利用核能达到世界先进水平。整个电站有三大部分:核岛、常规岛及电站辅助厂房,主要设备从法国、英国引进。电站主体工程于1987年8月开工兴建。图为电站外景。

上图：钢锭出炉

下图：安徽光学精密研究所研制出的品质优良的高纯纳米氮化硅粉末，它在机械、能源、化工、冶金、电子和国防等领域具有广阔的应用前景。

4. 电子计算机科学技术

开展计算机科学和有关学科的基础研究。加强外部设备、软件和应用数学研究。解决大规模集成电路的工业生产的科学技术问题，突破超大规模集成电路的技术关，研制成功每秒千万次大型计算机和亿次巨型计算机。形成计算机系列的生产能力，大力推广应用计算机和微型机。建立全国公用数据传输网络和若干计算机网络、数据库。

航空航天工业部北京东方科学仪器厂自行研制的大型 He-Ne 激光全息照相系统通过鉴定。该系统将应用于我国正在研制的各种新型卫星的无损检测。

5. 激光科学技术

迅速提高常用激光器的水平。开展激光基础研究，在探索新型激光器、开拓激光新波段、利用激光研究物质结构等方面做出显著成绩。早在 20 世纪 60 年代，我国建立了世界上第一所激光技术的专业研究所。1980 年、1983 年、1986 年我国先后举办了 3 次国际激光会议，为我国学者与国际激光研究领域的学术交流创造了条件。经过几十年来的努力，中国的激光技术有了相对较强的科研力量和雄厚的技术基础，锻炼培养了一支素质较高的科研队伍，有一大批科技人才活跃在海内外激光研究领域的前沿阵地，并取得了丰硕的成果。

清华微电子学研究所承担的国家"七五"重点攻关项目"1~1.5 微米 CMOS 成套工艺的研究开发"取得了突破，研制出国内急需的专用大规模集成电路 1 兆位汉字 ROM。

6. 空间科学技术

开展空间科学、遥感技术和卫星应用的研究。发展系列运载火箭，研制发射天文、通信、气象、导航、广播、资源考察等多种科学卫星和应用卫星。积极进行发射空间实验室和宇宙探测器的研究，建成现代化空间研究中心和卫星应用体系。1975年11月26日，中国首次发射返回式遥感卫星，卫星直径2.2米，高3.14米，呈圆锥体，重1800～2100千克。这种卫星和地球资源卫星的性质是一致

上图：1968年4月1日中国航天医学工程研究所组建以来，在载人航天医学工程研究中取得了突出的成绩。其中"航天生命保证系统医学工程研究与应用"获得1985年国家科技进步奖一等奖。图为宇航试验员在人用转椅舱做前庭生理试验。

下图：1984年4月8日我国发射了第一颗实验通信卫星，4月16日卫星成功地定点于东经125度赤道上空。卫星在试验阶段即投入了应用，取得了良好效果。

风云一号为基地轨道卫星

的，只是它工作寿命短，照相机等遥感仪器能获得大量对地观测照片，具有分辨率高、畸变小、比例尺适中等优点。可广泛应用于科学研究和工农业生产领域，包括国土普查、石油勘探、铁路选线、海洋海岸测绘、地图测绘、目标点定位、地质调查、电站选址、地震预报、草原及林区普查、历史文物考古等多个领域。

风云一号基地轨道卫星扫描覆盖面宽，可以俯瞰整个地球表面。这是气象卫星的第一张合成图，云图层次分明，清晰度高。它的发射成功，使中国成为世界上第三个发射这种卫星的国家。

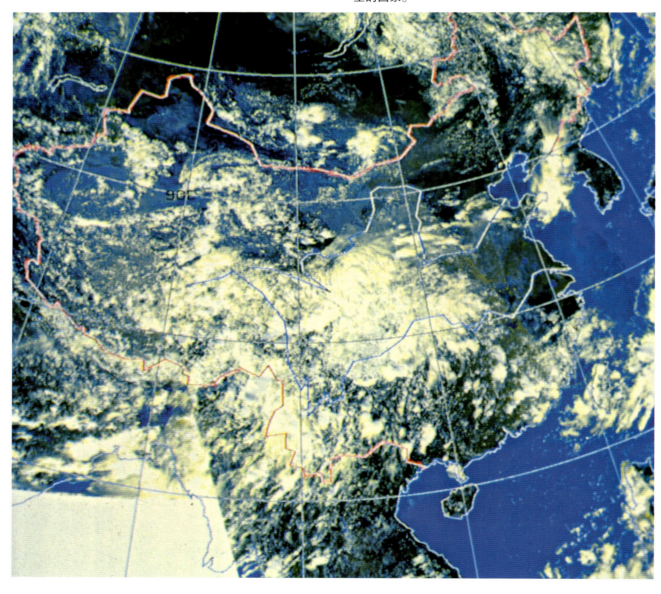

7. 高能物理

　　高能物理学又称粒子物理学或基本粒子物理学，它是物理学的一个分支学科，研究比原子核更深层次的微观世界中物质的结构性质和在很高的能量下这些物质相互转化的现象，以及产生这些现象的原因和规律。它是一门基础学科，是当代物理学发展的前沿之一。粒子物理学是以实验为基础，而又基于实验和理论密切结合发展的。

　　目前，粒子物理已经深入到比强子更深一层次的物质性质的研究。更高能量加速器的建造，无疑将为粒子物理实验研究提供更有力的手段，有利于产生更多的新粒子，以弄清夸克的种类和轻子的种类，它们的性质以及它们可能的内部结构。

中国第一台质子直线加速器建成

　　1982 年 12 月 17 日，建在中国科学院高能物理研究所的中国第一台质子直线加速器，首次引出能量为 1000 万电子伏特的质子束流。质子直线加速器是以直线方式加速质子的装置。由高频电源、离子源、加速电极、靶室、真空系统等部分组成。称为飘移管的加速电极以直线方式排列，被交替加上高频电压，用来加速质子。质子在飘移管缝隙中被加速，进入飘移管后，保护质子不受减速电场的影响。质子直线加速器在工业、医学等领域中有广泛用途。

图为同步辐射装置中的电子直线加速器

北京正负电子对撞机

1984年,北京正负电子对撞机（BEPC）工程破土动工。1988年10月16日,北京正负电子对撞机成功对撞,是我国继原子弹、氢弹爆炸,人造卫星上天之后,在高科技领域取得的又一重大突破。BEPC是国家重点工程之一。这是我国第一台高能加速器,是高能物理研究的重大科技基础设施。由长202米的直线加速器、输运线、周长240米的圆形加速器（也称储存环）及高6米、重500吨的北京谱仪和围绕储存环的同步辐射实验装置等部分组成,外形像一支硕大的羽毛球拍。正、负电子在其中的高真空管道内被加速到接近光速,并在指定的地点发生对撞,通过大型探测器——北京谱仪记录对撞产生的粒子特征。科学家通过对这些数据的处理和分析,进一步认识粒子的性质,从而揭示微观世界的奥秘。

合成并鉴别出新核素镅–235

1996年8月,由中国科学院近代物理所和高能所合作,在世界上首次合成并鉴别了新核素镅–235,使中国新核素合成与研究进入另一个重要核区——超铀缺中子区。自然界中,铀的原子序数（92）最大,原子序数大于92的元素称为超铀元素。镅的同位素链应该有16个核素,从镅–232到镅–247,尚存在着233、235和236三个未知环节。实验是在中国科学院高能物理所质子直线加速器上,用35MeV质子轰击钍–238靶完成的。使用氦喷嘴及毛细管传输技术收集反应产物,热后用快速化学分离除去裂变碎片,再将镅从剩余产物中分离出来,制成样品测量。通过近百个样品的测量分析,确认镅–235已合成,并测出其半衰期为15±5分钟。自20世纪90年代初中国首次合成新核素以来,核素图上已有8个空白被中国科学家填补。其中多在重质量丰中子区,只有镅–235处在超铀缺中子区。

1996年8月,中国科学院近代物理研究所的科研人员在世界上首次合成并鉴别了新核素镅–235。图为中国科学院近代物理研究所的科研人员在实验室里。

上图：1984 年，邓小平为正负电子对撞机工程奠基。

下图：1992 年在北京正负电子对撞机上测得了粒子质量新数据。1993 年首创亚洲第一束红外自由电子激光。

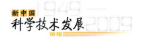

8. 遗传工程

随着遗传学研究由细胞水平向分子水平的深入，遗传学已成为当今生命科学前沿的核心学科。在物种的保存和改造、生物防治、利用遗传工程技术培育高产、优质和抗逆性强的微生物、动植物新品种与生产有用物质以及在人类长寿与疾病防治和创造良好的生存环境等方面，都离不开遗传学基础知识与新技术的应用。《八年规划纲要》要求建立和加强有关的实验室，开展遗传工程的基础研究，同分子生物学、分子遗传学和细胞生物学的研究相结合，在生物科学的一些重要方面取得接近或达到世界先进水平的成果；积极探索遗传工程在发酵工业、农业、医学等方面应用的可能途径。

人工合成核糖核酸研究获得重大突破

人工合成核糖核酸研究工作是1968年开始的。它是继我国在世界上首次人工合成结晶牛胰岛素以后提出的又一项重大的基础理论课题。我国科学工作者通力协作，经过几年的艰苦努力，首先完成了原料核苷酸的制备和小片段核苷酸有机合成的工作，并在这个基础上，充分利用酶的催化作用，经过反复实验，在1979年7月底，相继完成了10个核苷酸、12个核苷酸、19个核苷酸三个片段的合成。紧接着，科学工

1974年9月，我国科学工作者采取有机化学和酶促合成的方法，把核苷酸连接成8个核苷酸小片段，使我国在核苷酸片段合成方面接近了当时的世界先进水平；3年之后，又合成了16核苷酸。

作者又通过大量的实验，成功地把这三个片段连接起来，终于成功地合成了由41个核苷酸组成的核糖核酸半分子。它与天然的核糖核酸一样具有稀有的核苷酸。经测定，三个片段的接头正确。这项研究工作是由中国科学院上海生物化学研究所、有机化学研究所、细胞生物学研究所、生物物理研究所和北京大学生物系等单位及有关工厂协作完成的。

大豆分子育种研究获重大突破

1996年，我国大豆分子育种研究获重大突破，"转基因大豆"新品系性状优良。这项研究是黑龙江省农科院雷勃均研究员和卢翠华副研究员在其所主持的"导入外源总DNA获得优质高蛋白和双高大豆新品系"课题研究中，带领课题组成员刻苦攻关，先后完成了对大豆供体总DNA的提取和直接导入受体的组合配制等关键技术工作，筛选出的大豆优质高蛋白品系，粗蛋白含量比受体提高1%~2%，球蛋白提高10个百分点，11S球蛋白含量超过70%，获得的双高材料、蛋白和脂肪含量达66%。被命名为D89-9822的"转基因大豆"新品系在克山进行的小区生产试验获得丰产。

旭日干主持繁育出试管羊、试管牛

旭日干(1940—)，家畜繁殖生物学与生物技术专家、中国工程院副院长。20世纪70年代以来长期从事以家畜生殖生物学为中心的现代畜牧业高技术的研究。1983年10月，在日本进修期间，旭日干在实验室经过400多次潜心实验后，终于在显微镜下清晰地观察到了山羊体外受精的全过程。1984年3月9日傍晚，旭日干亲手迎接了世界上第一只"试管山羊"。回国后，旭日干在内蒙古自治区领导的支持下建立

了自己的实验室。从此开展了以牛羊体外受精为主的家畜生物学及生物技术的研究工作。这是一条中国人没有走过的路，但是旭日干以其坚忍不拔的毅力与他的团队一起，在世人面前创造了一项又一项的奇迹。1989年，旭日干和他的团队培育出我国首胎、首批试管绵羊和试管牛，一举使我国在该领域的研究跨入世界先进行列。

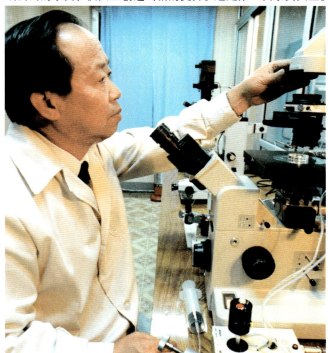

上图：旭日干正在进行显微操作，对动物胚胎进行观察。
下图：大豆研究所的专家通过对大豆优良种质资源的拓宽、改良和应用，实现了大豆转基因技术、外源DNA导入技术，远缘或属间的杂交，使大豆创造出新的变异。这是第三代杂交大豆。

3 工业科学技术领域取得的成果

在工业方面，掌握了石油数字地震勘探技术；半潜式海上石油钻井平台建造技术和缓倾斜中厚矿藏开采集术；突破了贫红铁矿选矿技术、高钛型磁铁矿高炉冶炼技术、钒钛综合利用回收技术、稀土元素提取技术和铜、镍等共生矿的开采、选矿、冶炼、综合回收技术；年产1.5万吨涤纶短纤维纺丝和后处理成套设备研制成功并投入使用；成功建设了葛洲坝大型水利水电工程。

宝钢立足钢铁主业，走多元发展的道路，在贸易、金融、信息、运输、建筑等多个产业，也取得很大发展。图为宝钢从美国、日本以及欧洲国家引进的化工设备。

上海宝钢开工兴建

1978年12月23日,宝钢破土动工。这座钢铁精品基地和钢铁行业新工艺、新技术、新材料的研发基地,以钢铁主业,以宝山钢铁股份有限公司为核心企业,形成中国现代化程度最高、生产规模最大、品种规格最齐全的大型钢铁联合企业。集中了工程建设、设备制造、安装、调试等各方面的人才。随着宝钢一、二期工程相继投产,宝钢建设从初期的设备全套引进,到二期、三期工程的合作制造,最终自主集成;宝钢工程的设备制造、安装、调试等也从外国专家指导,逐步走向由国内制造、国内自主集成。为了确保宝钢工程高质量、国内设备的高品质,宝钢集团公司领导,积极推行建设监理的成功经验,运用国际通行的项目管理方法,对宝钢工程、设备制造、安装、调试等进行全过程控制。如今,一座现代化的钢城已屹立于东海之滨。

攀枝花钢铁基地建成

1978年11月27日,中国第一个自己设计、制造设备、安装施工的大型钢铁联合企业——攀枝花钢铁工业基地第一期工程建成投产。位于四川省西南部的攀钢是1965年开始动工兴建的,到1970年高炉出铁,再到1975年一期工程基本建成投产,逐步形成了年产生铁160万~170万吨、钢150万吨、初轧坯125万吨、钢材90万~110万吨的综合生产能力。到1980年,主要产品产量均达到和超过了当初的设计水平。到1985年,累计实现利税相当于国家对一期工程的总投资。

攀枝花钢铁公司位于川滇交界金沙江畔的攀枝花市,享有"金沙明珠"的美誉。北距成都749千米,南邻昆明351千米。著名的成昆铁路纵贯市区南北。

海上石油钻井平台建造

1984年6月25日至7月6日，中国自行设计建造的第一座半潜式海上石油钻井平台勘探三号，成功地在东海海面进行了试验并交付使用。这个钻井平台最大钻井深度可达6000米，适合中国大陆架开发海洋石油的需要。当时，世界上能够自行设计建造这种平台的只有美国、日本、英国、挪威等造船工业发达的国家。半潜式平台，主要由上部结构、下潜体、立柱及斜撑组成，下潜体有靴式、矩形驳船船体式、条形浮筒式。其外形与坐底式平台相似，上部结构装设全部钻井机械、平台操作设备以及物资储备和生活设施。它是一个由顶板、底板、侧壁和若干纵横仓壁组成的空间箱形结构，水密性较高，能提供较大的浮力，作业时下潜体灌入压舱水使其潜入水下一定深度，靠锚缆或动力定位。拖航时排出压舱水，使下潜体浮在水面。在浅水区作业时可使下潜体坐落在海底，类似坐底式平台。它既可在10～600米深的海域工作，又能较好地适应恶劣的海况，但其经济水深一般为100～300米。半潜式平台既可在很深的海域工作，又较能适应恶劣的海况，有良好的运动特性。因此，半潜式平台是目前深海钻井的主要装置。

我国石油钻采设备制造业，随着海洋石油工业的发展已经有了长足的进步。中国海洋石油总公司自1985年以来，已独立设计、建造了水深5米以内的导管架式固定采油式平台40余座。图为南海一号钻井平台在北部湾试油。

葛洲坝实现并网发电

1989年葛洲坝水利枢纽工程建成。葛洲坝位于湖北省宜昌市三峡出口南津关下游约3千米处。长江出三峡峡谷后，水流由东急转向南，江面由390米突然扩宽到坝址处的2200米。由于泥沙沉积，在河面上形成葛洲坝、西坝两岛，把长江分为大江、二江和三江。大江为长江的主河道，二江和三江在枯水季节断流。葛洲坝水利枢纽工程横跨大江、葛洲坝、二江、西坝和三江，是我国万里长江上建设的第一个大坝，是长江三峡水利枢纽的重要组成部分。葛洲坝水库回水110～180千米，由于提高了水位，淹没了三峡中的21处急流滩点、9处险滩，因而取消了单行航道和绞滩站各9处，大大改善了航道，使巴东以下各种船只能够通行无阻，增加了长江客货运量。葛洲坝水利枢纽工程具有发电、改善峡江航道等效益。它的电站发电量巨大，年发电量达157亿千瓦时，相当于每年节约原煤1020万吨，对改变华中地区能源结构，减轻煤炭、石油供应压力，提高华中、华东电网安全运行保证度都起了重要作用。这一伟大的工程，在世界上也是屈指可数的巨大水利枢纽工程之一。水利枢纽的设计水平和施工技术，都体现了我国当前水电建设的最新成就，是我国水电建设史上的里程碑。

葛洲坝是万里长江上第一座大型水利工程，也是以后建设的三峡水利枢纽工程的梯级建筑，使目前长江十年一遇的防洪标准提高到百年一遇。

4 新技术和基础理论研究领域取得的成果

在新兴技术和基础理论研究方面，成功研制了亿次大型计算机；解决了中同轴电缆4380路载波通信的有关技术；攻克了卫星运载工具无线电测控系统、实验通信卫星及微波测控系统；长征3号火箭发射成功；运用生物工程技术创造了维生素C二步发酵法生产技术；解决了乙型肝炎病毒核心抗原和抗原制备技术；成功研制了新型非线性激光材料——磷酸氧化钾以及锗酸铋晶体；攻克了非金属人工晶体材料热锻工艺技术，人工合成了云母和核糖核酸等。这批科技成果，不仅对提高工农业生产起到积极作用，而且有些已经接近或达到世界先进水平。

王选主持研制成功汉字激光照排系统

王选被人们誉为"当代毕昇"。他研制的汉字激光照排系统引发了我国印刷业"告别铅与火，迈入光与电"的一场技术革命。他主持开发的华光和方正电子出版系统，占据国内99%的报业市场和90%的书刊(黑白)出版业市场以及海外80%的华文报业市场，并打入日本、韩国，取得了巨大的经济效益和社会效益。

王选（1937—2006），两院院士，坚持以市场为导向，积极推动科技成果转化为生产力，他研制开发的汉字激光照排系统，是我国计算机技术应用最为全面和成功的范例之一。

人工合成酵母丙氨酸转移核糖核酸

　　我国人工合成的酵母丙氨酸转移核糖核酸，是世界上最早用人工方法合成的具有与天然分子相同化学结构和完整生物活性的核糖核酸。从1968年起，我国科学工作者开始人工合成酵母丙氨酸转移核糖核酸的研究。这种核糖核酸由76个核苷酸组成，其中除了4种常见的核苷酸外，还有7种稀有的核苷酸。经过千百次的探寻和摸索，科学工作者终于自行制备出了11种核苷酸、近10种核糖核酸工具酶和有关的化学试剂等，并采取有机化学和酶促合成的方法，把核苷酸连接成小片段，然后分别接成含有35和41个核苷酸的两个半分子。1981年11月20日完成了最后的合成，以后又进行了五次重复合成试验，均获得了成功。核酸和蛋白质是生物体内最重要的物质基础。生命活动主要通过蛋白质来体现，生物的遗传特征则主要由核酸所决定。没有核酸和蛋白质，就没有生命。1965年，我国曾人工合成结晶牛胰岛素，这次又人工合成了酵母丙氨酸转移核糖核酸（核酸的一种），标志着人类在探索生命科学的道路上，又迈出了重要的一步。

科研人员分别把装有人工合成分子、天然分子的试管以及其他对照试管放进测试匣，得出的数据表明，人工合成的酵母丙氨酸转移核糖核酸具有与天然分子完全相同的生物活力。

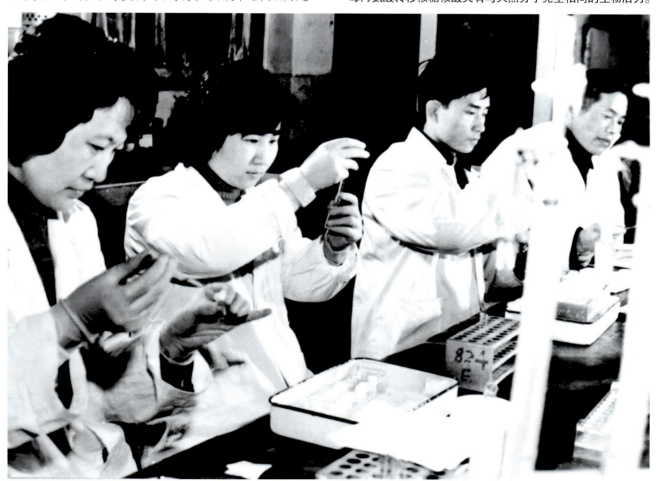

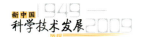

建立南极长城站

南极独特的地理环境，被科学家称为"解开地球奥秘的钥匙"、"天然科学实验圣地"。由于孤处一方，大气没有污染，为观测天体提供了极好的条件。南极有成千上万的陨石，是窥探外层空间奥秘的难得基地；南极是地球大气环流的策源地之一，对全球气候变化有着重要影响；地球其他地区600万年前已灭绝的生物，在南极可能见到，这些发现可能会帮助我们解开地球生命起源之谜，而且还能为进一步解开世界海陆演化之谜提供科学依据。中国首次南极考察队于1984年11月20日从上海启程，12月26日抵达南极洲南设得兰群岛的乔治岛。30日15时，长城1号和长城2号两艘登陆艇载着54名考察队员，登上菲尔德斯半岛南部，在这里升起了第一面五星红旗。31日10时，在南极洲乔治岛上，从祖国带来的刻着"中国南极长城站"的奠基石，竖立在南极洲的土地上。考察队在1985年2月15日向全世界宣布：中国南极长城站胜利建成。2月20日，中国长城站在乔治岛隆重举行落成典礼。10月，在布鲁塞尔召开的第13次《南极条约》协商国会议上，由于中国在南极建立了长年考察站，进行了多学科卓有成效的考察，正式取得协约国的地位。

建立南极长城站。图为在长城站楼前，测绘科学工作者在站址树立了一个路标，标明了长城站与北京的距离为17501.949千米，与北京的方位是170度38分27秒。

寒武纪生物大爆发研究

被称为古生物学和地质学上的一大悬案——寒武纪生命大爆发。寒武纪是地质史上的一个年代,因英国的一座小山而得名,时间大约是5.4亿年前至5.1亿年前。1984年7月,南京地质古生物研究所侯先光研究员在云南澄江县帽天山发现了第一块早寒武纪动物化石长尾纳罗虫。这次发现可以说是很偶然的事件,侯先光原来的意图是到澄江来寻找金碧虫的化石,没想到无心插柳,意外获得了这块长尾纳罗虫的化石。国外科学家认为,纳罗虫是最早出现的硬体生命之一,在亚洲大陆还是首次发现,而且还保存有附肢。这一发现意味着寒武纪生命大爆发的证据就在脚下。后来,这一天成了澄江动物化石群的纪念日。世界著名古生物学家、德国的塞拉赫教授称:"澄江动物群的发现就像是来自天外的信息一样让人震惊。"美国《纽约时报》称:"中国澄江动物群的发现,是本世纪最惊人的发现之一。"

灰姑娘虫的标本,澄江发现的化石之一。在它的头甲的腹面前侧具有一对巨眼。

银河巨型计算机的研制成功

　　1983年12月22日，中国第一台每秒钟运算一亿次以上的银河巨型计算机，由国防科技大学计算机研究所在长沙研制成功。它填补了国内巨型计算机的空白，标志着中国进入了世界研制巨型计算机的行列。据有关专家介绍，银河－Ⅲ巨型机采用了目前国际最新的可扩展多处理机并行体系结构，成功设计了由硬件支持的全系统共享访存机制，是银河系列第一台实现全局共享分布存储结构的巨型计算机。它的整体性能优异，系统软件高效，网络计算环境强大，可靠性设计独特，工程设计优良，运算速度为每秒130亿次，综合处理能力是银河－Ⅱ巨型机的10倍以上，而体积仅为银河－Ⅱ巨型机的1/6。特别是这个系统具有很强的伸缩性，可根据用户不同的需求，小可组装成数亿次级的计算机系统，大可组装成比实际运算能力更强的超高性能巨型机系统，而且无论大小系统，都十分高效实用。

经过试算表明，在气象、石油、地震、核能、航天航空等领域的大规模数据，均能在银河－Ⅱ上进行高速处理。图为巨型机的研制者在调试主机。

"一箭三星"准确入轨

　　1981年9月20日，中国第一次用一枚火箭成功发射一组三颗卫星——科学实验卫星9号。"一箭三星"的发射成功，标志着中国航天事业的重大突破。所谓"一箭三星"是指用一枚火箭发射三颗卫星。三颗卫星是实践二号、实践二号甲和实践二号乙。这种"一箭三星"技术当时在中国尚属首次，除具有科学意义外，更反映了军事工业和航天技术的水平，在世界上引起了很大轰动。三颗卫星准确入轨后，各系统工作正常，不断向地面发送各种科学探测和试验数据。

实践二号科学实验卫星

面向 依靠 攀高峰

——《十五年科技规划》的实施

中共中央、国务院于1981年4月，责成原国家科委起草科技发展规划，经200多名专家的充分论证，以及听取德国、日本、美国等国知名人士就科学技术国际发展趋势的论述和分析一些国家的经验教训后，于1984年3～10月，编制了《1986—2000科学技术发展规划》（简称《十五年科技规划》）。《十五年科技规划》在"面向、依靠、攀高峰"的基础上，提出了"有所为、有所不为，总体跟进、重点突破，发展高科技、实现产业化，提高科技持续创新能力、实现技术跨越式发展（简称'创新、产业化'）"的指导方针，并在"促进产业技术升级"和"提高科技持续创新能力"两个层面进行战略部署。

为了落实《十五年科技规划》的设想，国家计委、国家科委编制了《"七五"全国科学技术发展规划》，包括《"七五"国家科技攻关计划》。这些规划对调动科技力量为国民经济服务发挥了重要作用，它将科技转化为生产力，将科学技术紧密面向经济建设，力求和经济发展相结合，促进全社会科技意识的提高，给国家带来了巨大经济效益和社会效益，有力地证明了"科学技术是第一生产力"，为我国科技事业的继续发展打下了坚实的基础，增强了后盾。实践证明，"七五"期间围绕科技与经济相结合这一基本任务，通过继续推进技术成果转化、改革科技拨款制度等措施，我国科技面貌发生了新的变化。

1 出台的国家科技计划和相关工作

1986-1990年共出台了9个国家科技计划。

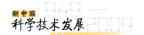
星火计划

星火计划是经党中央国务院批准，于1986年实施的第一个依靠科学技术促进农村经济发展的计划，是我国国民经济和科技发展计划的重要组成部分。星火计划的主要任务是认真贯彻中央国务院关于大力加强农业，促进乡镇企业健康发展的方针，引导农村产业结构调整、增加有效供给，推动科教兴农。积极促进并实际推动农村经济增长方式由粗放型向集约型转变，依靠科技进步提高劳动生产率和经济效益，引导农民改变传统的生产生活方式。建设一批以科技为先导的星火技术密集区和区域性支柱产业，推动乡镇企业重点行业的科技进步，推动中西部地区经济发展，培养农村适用技术和管理人才，提高农村劳动者整体素质。

国家自然科学基金

国家自然科学基金委员会立足于"切实加强基础研究，努力提高原始创新能力，为建设创新型国家服务"的实践载体，充分发挥科学基金制度优势，推动学科均衡协调发展，鼓励科学家在科学前沿和国家战略需求领域广泛开展探索，为国家科技重大专项和科技计划实施提供人才和项目储备，为提升国家自主创新能力提供有力支撑。

国家高科技研究发展计划（"863"计划）

"863"计划是在世界高技术蓬勃发展、国际竞争日趋激烈的关键时期，我国政府组织实施的一项对国家的长远发展具有重要战略意义的国家高技术研究发展计划，在我国科技事业发展中占有极其重要的位置，肩负着发展高科技、实现产业化的重要历史使命。根据中共中央《高技术研究发展计划（"863"计划）纲要》精神，"863"计划从世界高技术发展的趋势和中国的需要与实际可能出发，坚持"有限目标，突

1986年3月2日，王淦昌和杨嘉墀、王大珩、陈芳允（右起）等科学家联名向中央提出了《关于跟踪研究外国战略性高技术发展的建议》，简称"863"计划。从此，中国的高科技研究进入到一个国家规模的有计划有组织发展的新阶段。

出重点"的方针,选择了生物技术、航天技术、信息技术、激光技术、自动化技术、能源技术和新材料7个高技术领域作为我国高技术研究发展的重点(1996年增加了海洋技术领域)。其总体目标是:集中少部分精干力量,在所选的高技术领域,瞄准世界前沿,缩小与发达国家的差距,带动相关领域科学技术进步,造就一批新一代高水平技术人才,为未来形成高技术产业准备条件,为20世纪末特别是21世纪初我国经济和社会向更高水平发展和国防安全创造条件。

科技扶贫工作

1990年,科技部怀着对老区人民的深厚感情,对革命圣地的真挚热爱,以独特的方式在延安吹响了科技扶贫的号角,打响了用科技战胜贫困的战役,这一场战役在延安一打就是十五年,在十五年里共派出了十五届科技扶贫

团,动员了全国许多知名的科研院所和著名的科技专家与学者为延安的经济发展出谋划策,开展技术指导、技术服务。在党中央、国务院的关心下,在国家有关部委和陕西省省委、省政府的支持下,延安市市委、市政府带领全市人民发扬自力更生、艰苦奋斗的延安精神,依靠群众、奋发图强,坚持开发式扶贫的路子,不断加大扶贫力度,在十五年时间里,延安老区的面貌发生了根本性的改变。

科技兴农。福建省三明市农业函授大学专门从事农技知识的教育和培训。三明农校园艺系教师涂景春(右)是县凤岗镇西山村民最欢迎的朋友。

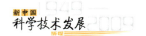

火炬计划

火炬计划是一项发展中国高新技术产业的指导性计划，于1988年8月经中国政府批准，由科学技术部（原国家科委）组织实施。火炬计划的宗旨是：实施科教兴国战略，贯彻执行改革开放的总方针，发挥我国科技力量的优势和潜力，以市场为导向，促进高新技术成果商品化、高新技术商品产业化和高新技术产业国际化。

国家重点新产品计划

国家重点新产品计划是科技部1988年推出的一项政策性扶持计划，其宗旨在于引导、推动企业和科研机构的科技进步和提高技术创新能力，实现产业结构的优化和产品结构的调整，通过国内自主开发与引进国外先进技术的消化吸收等方式，加速经济竞争力强、市场份额大的高新技术产品的开发和产业化。

国家科技成果重点推广计划

国家科技成果重点推广计划是按照国家科技产业化环境建设的总体要求，采取国家政策引导和争取有关银行贷款支持的措施，重点加强推广体系和环境建设，支持能够提升传统产业和对发展高新技术产业有重大影响的共性技术，以及经济效益、社会效益和生态效益显著的社会公益技术，通过国家、部门、地方共同组织，有计划、有重点地推广，以实现规模效益。

国家软科学研究计划

国家软科学研究计划是为国家发展提供宏观咨询服务的重大科技计划。是为了做好软科学研究项目的申报与审批管理工作，为编制国家软科学研究计划奠定基础，推进软科学研究管理的科学化和规范化而制定。

新中国科学技术发展历程（1949—2009）

刘岩博士，绰号"中国数字娱乐王"，正率领他的团队全力打造"中国虚拟经济区"。

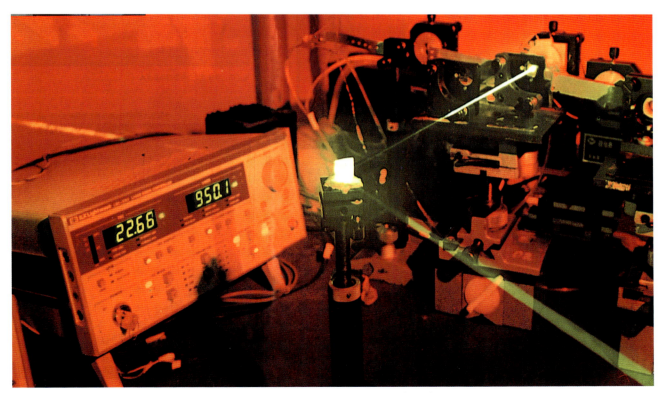

上图：中国科学院等离子体物理研究所研制的 1MW 高脉冲发射高压脉冲电源装置
下图：山东大学研制的可用于信息处理、激光打印、光盘的绿光固体激光器

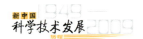

军转民技术开发计划

军转民技术开发计划就是通过专项资金的拉动作用，积极支持和引导国防科技工业的企事业单位开发高新技术产品并实现产业化，加速建立创新体制和机制，促进民品产业和产品结构的调整，推动国防科技工业经济的发展。国防科技工业深入贯彻"军民结合、寓军于民"的战略方针，在确保完成军品科研生产任务的同时，利用军工技术、人才和装备优势，开发了大量军转民技术和产品，促进了国防科技工业的经济增长，带动了国民经济相关产业的发展，为经济建设作出了重要贡献。

利用原有的科技成果，发展民用产品，贵州风光电工厂建成先进的75毫米集成电路生产线，能生产各种集成电路和半导体分离器件。

2 高科技的研究与发展

结合世界高技术发展趋势和我国经济、社会长远发展的需要，着重研究解决事关国家中长期发展和安全的战略性和前沿性高技术问题，集中力量在有相对优势或战略必争的关键领域取得突破，在一些关系国家经济命脉和安全的高技术领域，提高自主创新能力，努力实现产业化。通过5～10年的努力，形成一批具有自主知识产权的重大高技术成果，力争在世界高技术领域占有一席之地，并在信息技术、生物技术、新材料技术、先进制造与自动化技术、能源技术、资源环境技术、航空航天技术等若干重要领域和关键产业实现技术发展阶段的跨越。

赵忠贤高温超导研究取得成果

1986年，中国科学院物理研究所赵忠贤院士领导的研究小组作出的杰出贡献，引起了全球物理学家的关注。超导是物理世界中最奇妙的现象之一。正常情况下，电子在金属中运动时，会因为金属晶格的不完整性（如缺陷或杂质等）而发生弹跳损耗能量，即有电阻。而超导状态下，电子能毫无羁绊地前行。这是因为当低于某个特定温度时，电子即成对，这时金属要想阻碍电子运动，就需要先拆散电子对，而低于某个温度时，能量就会不足以拆散电子对，因此电子对就能流畅运动。1986年3月28日，中国科学院物理研究所赵忠贤领导的科研小组报告，氟掺杂镧氧铁砷化合物的高温超导临界温度可达52K（−221.15℃）。4月13日该科研小组又有新发现：氟掺杂钐氧

赵忠贤（1941— ），著名超导专家、中国科学院院士、中国科学院物理研究所研究员。20世纪80年代，我国超导高技术研究备受社会关注。图为赵忠贤（左）等在实验室进行超导体样品的电磁性质的检测。

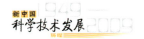

铁砷化合物假如在压力环境下产生作用，其超导临界温度可进一步提升至55K（−218.15℃）。此外，中国科学院物理所闻海虎领导的科研小组还报告，锶掺杂镧氧铁砷化合物的超导临界温度为25K（−248.15℃）。

秦山核电站建成

中国自20世纪70年代初提出建设核电站。1970年2月，周恩来总理明确指示中国要搞核电站。同年12月15日，周总理听取核电站原理方案的报告，并为核电站建设制定了"安全、适用、经济、自力更生"的方针。1981年11月，国务院批准了首座核电工程项目。1982年11月国务院批准了这一工程建在浙江省海盐县的秦山。

1991年12月15日凌晨，中国自行设计建造的第一座核电站——秦山核电站并网发电，从而结束了中国内地没有核电的历史。秦山核电站的建设成功，标志着中国已掌握了核电技术，从而成为世界上继美国、英国、法国、苏联、加拿大、瑞典之后第七个能够独立设计制造核电站的国家。中国克服了重重困难，独立自主地建成了秦山核电站，这是综合国力的显示，对解决中国，特别是东部沿海地区能源供需不平衡状况具有重要意义。

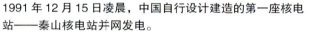

1991年12月15日凌晨，中国自行设计建造的第一座核电站——秦山核电站并网发电。

中国工程院成立

1994年6月3日，中国工程院成立大会在北京中南海怀仁堂召开并产生首批院士。新中国成立后,党和政府十分重视工程技术的发展,早在1955年成立中国科学院学部时,就设立了技术科学部。在中国工程院成立大会上,许多党和国家领导人亲临大会,并作重要讲话,江泽民主席亲笔题字"祝贺中国工程院成立"。

中国工程院是中国工程技术界最高荣誉性、咨询性学术机构,是国务院直属事业单位。中国工程院设立院士制度。中国工程院院士是国家设立的工程技术方面的最高学术称号,是从已经在工程科学技术领域中作出系统性、创造性成就和贡献的优秀工程科学技术专家中选举产生的,为终身荣誉。每两年增选一次。

1994年6月8日,中国工程院选出的院长朱光亚（中）与4位副院长卢良恕（左）、朱高峰（左二）、师昌绪（右二）、潘家铮（右一）。

中国科协主办青年科学家论坛

1995年6月12～13日，中国科协主办的"青年科学家论坛"开幕式暨第一次活动在北京举行。出席开幕式的有全国人大副委员长吴阶平、国务委员兼国家科委主任宋健、中国科协主席朱光亚、中国科学院院长周光召、著名光学家王大珩等。中国十大杰出青年冯长根、白春礼、陈章良以及贺福初、马克平博士等28位从事生命科学研究工作的青年科学家参加首次活动，就生命科学中的若干热点问题进行了研讨。与会青年科学家高度评价了这个高层次的青年科学家论坛，认为中国科协为青年科学家们营造了一个良好的相互切磋的学术交流氛围，这是在鼓励青年科学家走向世界科技最前沿，有利于培养和造就更多的跨世纪优秀科技人才和学术带头人。会议期间，青年科学家们建议论坛按照百花齐放、百家争鸣的方针，坚持实事求是的科学态度和优良学风，倡导学术民主和学术自由，另外在选题上要特别注意新兴学科和边缘、交叉学科。从此，青年科学家论坛在全国各地展开。截至2009年5月，论坛共举办193期。

1995年6月中国科协主办的"青年科学家论坛"在北京开幕

中国科协建立学术年会制度

1999年中国科协五届四次全委会议决定，建立中国科协学术年会制度。中国科协学术年会，旨在实施科教兴国战略和可持续发展战略，在建立和完善国家创新体系的过程中，组织高层次、开放性、跨学科的学术交流活动。2006年，中国科协学术年会更名为中国科协年会，确立了"大科普、学科交叉、为举办地服务"的年会定位，实现了全面转型。年会以公众、科技工作者、政府和企业为服务对象，努力搭建学术交流、科学普及、决策咨询三大平台，实现了科学家与公众，科学家与政府、企业以及科学家之间的交流互动，年会的知晓度不断扩大，科技界及社会各界对年会的认同感逐步增强。中国科协年会每年举办一次。从2008年开始，中国科协决定年会以届次确定名称，如2009年9月8～10日，在重庆举办第十一届中国科协年会。年会由中国科协和有关省、自治区、直辖市人民政府共同主办。每届年会确定一个主题。会议形式有大会报告、分会场学术交流、重点科普活动、专题论坛及有关专项活动。每届年会前，由中国科学技术出版社正式出版论文摘要文集。论文摘要文集收录了报名参加本届年会的科技工作者的学术文章摘要。

1999年10月中国科协首届学术年会在杭州开幕

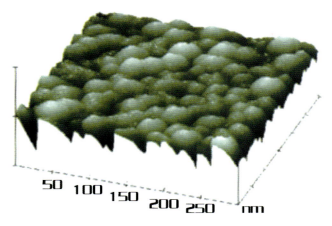

采用纳米技术制成的复合物单晶薄膜结构示意图

X 50.000 nm/div
z 15.004 nm/div

纳米技术领域屡创佳绩

　　纳米科学和技术是当今世界公认的前沿领域之一。目前我国已经正式出台了15项纳米技术标准，其中国家标准11项，行业标准4项，为提升我国纳米技术产业竞争力提供了有力保证。近几年来，我国纳米研究水平和研发能力逐步进入国际的主流方向，并取得了突出的成绩，居于国际科技前沿。最近，我国科学家在世界上首次直接发现纳米金属的"奇异"性能——超塑延展性，纳米铜在室温下竟可延伸50多倍而不折不绕，被誉为"本领域的一次突破，它第一次向人们展示了无空隙纳米材料是如何变形的"。我国目前有关纳米论文总数排行世界第四，在纳米材料研究方面已在国际上占一席之地。

中国科学院快速凝固非平衡合金国家重点实验室的科研人员在做纳米材料制备实验

神威计算机研制成功

金怡濂三持研制了系列巨型计算机,为我国在世界高性能计算机领域中占有一席之地作出了重要贡献。2000年7月25日开始,我国最先进的大规模并行计算机系统——神威1正式向社会开放。国家气象中心利用神威计算机精确地完成了极为复杂的中尺度数值天气预报,在中华人民共和国成立50周年和澳门回归等重大活动的气象保障中发挥了关键作用;中国科学院上海药物研究所用神威计算机作为通用的药物研究平台,大大缩短了新药的研制周期。中国科学院大气物理研究所用神威计算机进行新一代高分辨率全球大气模式动力框架的并行计算,取得了令人鼓舞的结果。神威计算机为气象气候、石油物探、生命科学、航空航天、材料工程、环境科学和基础科学等领域提供了不可缺少的高端计算工具,取得了显著效益,为我国经济建设和科学研究发挥了重要的作用。

开发智能化机器人

研究和开发智能化机器人,不仅可创造巨大的经济效益,而且还创造了新型工业和新的就业机会。根据未来发展的需要,我国已建成完整的智能机器人研究体系,开发出大批工业机器人。2000年11月30日,我国独立研制的第一台具有人类外观特征、可以模拟人行走与基本操作功能的类人型机器人,在长沙国防科技大学首次亮相。这台类人型机器人身高1.4米,体重20千克,具备一定的语言功能,行走频率每秒2步,动态步行快速自如,并可在小偏差、不确定环境中行走。在机械结构、控制系统结构、协调运动规划和控制方法等关键技术方面取得了一系列突破。

神威计算机

上图:由中国科学院沈阳自动化研究所研究的遥控作业移动机器人,可用于核工业等有害环境,替代人工完成检查、搬运、设备维修和拆装等作业。

下图:广东风扇厂使用的吊扇电机机器人装配线,是我国自行研制的第一条机器人自动装配线,于1993年投入生产。

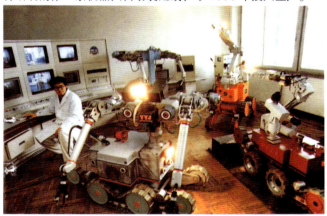

神舟飞船于 1999 年 11 月 20 日凌晨 6 点在酒泉航天发射场发射升空，承担发射任务的是在长征二号捆绑式火箭的基础上改进研制的长征二号 F 载人航天火箭。

航空航天技术发展迅速

2000 年 12 月 21 日，我国自行研制的第二颗北斗导航试验卫星发射成功，它与 2000 年 10 月 31 日发射的第一颗北斗导航试验卫星一起构成了北斗导航系统。这标志着我国已拥有自主研制的第一代卫星导航定位系统。这个系统建成后，主要为公路交通、铁路运输、海上作业等领域提供导航服务，对我国国民经济建设将起到积极的作用。

2001 年 1 月 10 日，我国自行研制的神舟二号在中国酒泉卫星发射中心升空，并成功进入预定轨道。1 月 16 日，神舟二号无人飞船准确返回并成功着陆。这是中国航天在新世纪的首次发射，也是我国载人航天工程的第二次飞行试验，它标志着我国向实现载人飞行迈出了重要的一步。

北京时间 2003 年 5 月 25 日 0 时 34 分，我国在西昌卫星发射中心用长征三号甲运载火箭，成功地将第三颗北斗一号导航定位卫星送入太空。图为西昌卫星发射中心指挥控制大厅。

2001年1月10日1时0分，我国自行研制的神舟二号无人飞船在酒泉卫星发射中心载人航天发射场发射升空。图为神舟二号飞船与长征二号F运载火箭对接后，在活动发射平台上垂直运往发射工位。

世界第一例体细胞克隆山羊

克隆山羊是张涌教授主持的国家自然科学基金重点项目和农业部重点项目。1999年岁末，成功地从一只山东小青羊耳朵后面取下的两粒细胞，在体外培养几日后抽出细胞核，又从屠宰场取来一只刚宰杀的山羊的卵母细胞，立即去核，把体细胞核注入到这个卵母细胞中，培育成克隆胚胎，分别移入两只白色母羊的子宫里。2000年6月16日中午12时59分，一只白母山羊产下一只克隆山羊。由于是世界第一例体细胞克隆山羊，它被取名为"元元"，意即"第一"。不料，36小时之后，克隆山羊因为"肺部发育不全"和天气太热等原因死亡。一周后的6月22日晚上20时整，"元元"的妹妹，与之长得一模一样的另一只体细胞克隆山羊"阳阳"降生。这标志着我国动物体细胞克隆技术已跻身于世界先进行列，将对我国体细胞克隆技术的发展与完善产生重大影响。

上图：体细胞克隆山羊
下图：瓮安动物化石

3 应用科技基础研究

基础研究是科技与经济发展的源泉，是新技术、新发明的先导。《十五年科技规划》期间要求紧紧围绕国家战略需求和国际科学前沿，集中力量支持国民经济、社会发展和国家安全中重大科学问题的研究，加强应用基础研究，力争在基因组学、信息科学、纳米科学、生态科学、地球科学和空间科学等方面取得新进展；稳步推进学科建设，加强数学、物理、化学、天文等基础学科重点领域的前沿性、交叉性研究和积累；创造一个自由思考、追求真理、不断进取的环境，鼓励科学家进行探索性研究。不断培养高水平的人才队伍，增强我国基础研究的持续创新能力，努力攀登世界科学高峰，力争经过10~15年的努力，使我国进入世界科学中等强国行列，基本能够自主解决经济、社会发展和国家安全中的重要科学技术问题。

瓮安动物化石群研究取得成果

1998年，陈均远等在贵州瓮安震旦系陡山沱组（约6亿年前）磷块岩中发现蓝菌、多细胞藻类、疑源类、后生动物休眠卵及胚胎、可疑的海绵动物、管状后生动物和微小两侧对称的后生动物等化石类型。该动物群被认为是目前化石记录中保存最好的有细胞结构的植物多细胞化证据。瓮安这块神秘的土地，将会成为从分子、细胞、个体发育和成年形态学的不同角度来探索动物起源和早期演化的独一无二的窗口。

雅鲁藏布江大峡谷科学考察

1994年,我国科学家组成一个科学考察队,对雅鲁藏布江大峡谷进行科学考察,揭开了雅鲁藏布江大峡谷神秘面纱的一角。雅鲁藏布江大峡谷位于"世界屋脊"青藏高原之上,平均海拔3000米以上,险峻幽深,侵蚀下切达5382米,具有从高山冰雪带到低河谷热带季内雨林等9个垂直自然带,是世界山地垂直自然带最齐全、完整的地方,这里汇集了许多生物资源,包括青藏高原已知高等植物种类的2/3,已知哺乳动物的1/2,已知昆虫的4/5,以及中国已知大型真菌的3/5,堪称世界之最。

雅鲁藏布江大峡谷怀抱南迦巴瓦峰地区的高山峻岭,冰封雪冻,它劈开青藏高原与印度洋水汽交往的山地屏障,像一条长长的湿舌,向高原内部源源不断输送水汽,使青藏高原东南部由此成为一片绿色世界。雅鲁藏布江大峡谷里最险峻、最核心的约近百公里的河段,峡谷幽深,激流咆哮,至今还无人能够通过,其艰难与危险,堪称"人类最后的秘境"。由于雅鲁藏布江大峡谷环境恶劣、灾害频发,构成人们很难跨越的屏障和鸿沟,其落后与闭塞,特别是墨脱地区成了高原上的"孤岛"、远离现代社会的"世外桃源",至今少有人涉足。

首次确认雅鲁藏布江大峡谷为世界之最

北极科学考察

中国首次北极科学考察队乘雪龙号科学考察船于1999年7月1日从上海出发，穿过日本海、宗谷海峡、鄂霍次克海、白令海，两次跨入北极圈，到达楚科奇海、加拿大海盆和多年海冰区，圆满完成了三大科学目标预定的现场科学考察计划任务，获得了大批极其珍贵的样品、数据和资料。满载着中国首次北极科学考察丰硕成果的雪龙船，历时71天，安全航行14180海里，航时1238小时，于1999年9月9日返回上海港新华码头。考察船在返航途中曾停靠在阿拉斯加诺姆（NOME）港进行油水补给。本次考察主要工作区域是白令海、楚科奇海。

北极考察的艰险除了冰崩、酷寒、暴风雪之外，还增加了北极熊的威胁。图为在北极浮冰上进行气象梯度观测，荷枪为防北极熊袭击。

首次构建水稻基因组精细图

我国于2000年5月宣布实施超级杂交水稻基因组计划。2002年12月12日，中国科学院、国家科技部、国家发展计划委员会和国家自然基金会联合举行新闻发布会，宣布中国水稻（籼稻）基因组"精细图"已经完成。和国际上其他几大水稻基因组计划不同的是，我国科学家的测序材料是袁隆平院士提供的超级杂交水稻。在一年多的时间里，科学家以难以想象的速度和高质量完成了工作。绘制的水稻基因组"工作框架图"，基本覆盖了水稻的整个基因组和92％以上的水稻基因。科学家的工作量，相当于把水稻基因组反复测定了10次。科学家惊奇地发现：水稻基因组的基因总数约在46022～55615个，竟然几乎是人类基因总数的两倍。

130

4 提高西部地区科技创新能力

按照党中央、国务院西部大开发的总体部署，依照科教先行的思路，积极实施"西部大开发科技行动"。西部大开发科技行动，重点开展研究制定西部大开发科技总体规划和有关区域科技发展规划、实施六大示范工程和三个专项行动等工作。"十五"期间，除进一步加大国家各类科技计划对西部地区的倾斜支持外，科技部将进一步加大对西部大开发科技专项资金的投入。同时，科技部还将不断加强与各部门、地方在西部大开发工作中的关联配合、协调集成，系统推进西部大开发。

上图：毛色艳丽的金丝猴是中国特有的猴类，分布在我国云南、四川、陕西、甘肃等地。体长53～77厘米，尾巴与体长差不多。
下图：四川卧龙保护区国家一级保护动物大熊猫喜欢独居，昼伏夜出，常常随季节的变化而搬家。春天一般待在海拔3000米以上的高山竹林里，秋天搬到2500米左右的温暖的向阳山坡上。

加强西部自然保护区建设

改革开放以来，我国西部地区的自然保护区建设取得了可喜的进展，迄今为止14个省区市共建自然保护区400余处，保护区总面积达到6300多万公顷，占国土面积的6.56％。但是以往划建的自然保护区，主要针对国家重点保护野生动物及其栖息地，对于大江大河源头、重点生态脆弱区和干旱、半干旱地区的生态系统，没有实施强有力的保护。国家林业局已决定将自然保护区建设纳入长江上游、

宁夏机械厂生产的产品远销欧美市场

黄河中上游生态建设工程和天然林保护工程之中，作为工程重点内容加以落实。为鼓励和推动西部自然保护区建设，国家林业局将专门安排资金，用于自然保护区前期工作补助。生态效益补偿基金也将向自然保护区建设倾斜。目前，这个地方是地球上保存最完整，环境最幽雅，风景最优美，各种生命最和谐的地方。其原始森林面积约占保护区总面积的12.6%，原始次生林约占总面积的21.9%。

发展具有西部资源优势的新兴产业

发展具有西部资源优势的新兴产业和生态产业；在高新区相对集中、产业基础较好、技术经济实力相对雄厚的西部地区，大力发展农业信息网、电子商务、太阳能和风能、新材料和生物医药等高新技术及其产业，积极推进高新技术产业带的建立和形成，培育一批新型高科技企业；结合西部"三线"军工企业较多的特点，建设军工科研生产基地，发展军民两用技术及其相关产业。

图为2000年1月，北京的20名医药、农业、畜牧、管理及信息科技专家赴青海省化隆县进行"科技扶贫"，他们在经过海拔3650米的青沙山垭口时合影留念。

大力开展中西部的国际合作

支持中西部地区积极参与中欧科技合作项目中"可持续农业、渔业和林业以及包括山区在内的农村地区的综合发展"、"环境和健康"等专项计划研究；利用同日本、韩国等技术合作渠道，与其开展专项技术合作研究；开拓与世界银行、联合国工发组织等国际组织在我国西部地区的科技信息扶贫、农产品加工、节水农业等方面的技术与人才合作的空间。目前，"青藏高原区蔬菜良种及高效种植技术引进示范"等首批项目已经启动。

2009年1月13日，国家发改委和商务部联合颁布新的《中西部地区外商投资优势产业目录》，所列条目涵盖了退耕还林还草、天然林保护等国家重点生态工程后续产业开发，节水灌溉和旱作节水技术、保护性耕作技术开发与应用，矿区采空、塌陷区域生态系统恢复与重建工程等推进生态环境保护和建设领域，汽车关键零部件制造，优势资源的综合开发利用，以及增值电信业务、旅游资源的开发经营、城市供气、供热、供排水管网建设、经营等服务领域。

西藏风格的地毯在国内外销售经久不衰

新疆毛纺厂是全国十佳毛纺企业

云南的刺绣在国际市场上很受欢迎

科学技术是第一生产力

——《纲领》和《纲要》的实施

新中国科学技术发展历程（1949—2009）

1978年，举世瞩目的全国科学大会拉开了中国奔向"四个现代化"的伟大序幕，随着科学技术的现代化成为实现"四个现代化"的关键，知识分子的地位第一次被作为工人阶级的一部分而大大提高了。就在这次会议上，邓小平同志提出了"科学技术是生产力"的著名论断，1988年，邓小平同志又进一步深刻地指出"科学技术是第一生产力"。从此，发展科学技术成了一项战略任务和当务之急。

人类社会处在迎接世纪之交的年代，世界正经历一场巨大的变革。新科技革命迅猛发展，市场竞争日益加剧，国际政治风云变幻，我们的国家和民族面临着紧迫而严峻的挑战。我国必须按照"一个中心，两个基本点"（一个中心：以经济建设为中心。两个基本点：一是坚持四项基本原则；二是坚持改革开放）的基本路线，全面实行改革开放，大力推动经济建设转移到依靠科技进步和提高劳动者素质的轨道上来。为此，1992年国务院颁布了《国家中长期科学和技术发展纲领》（简称《纲领》），科技部制订了《中长期科学和技术发展纲要1990 — 2000 — 2020》（简称《规划纲要》），针对中长期科技发展前景，围绕科技与经济、社会发展的关键问题做了宏观、概括性的表述。这两个文件的制定，对我国制定具体的科技发展十年规划和"八五"计划起到了重要的宏观指导作用。

1 国家中长期科学和技术发展纲领

本《纲领》是根据中国共产党第十三次全国代表大会的决定和十三大以来历届中央全会的精神制定的，目的是阐明我国中长期自然科学技术发展的战略、方针、政策和发展重点，指导我国到2000年以至2020年科学技术与经济、社会的协调发展。

《纲领》突出了邓小平"科学技术是第一生产力"的思想，全面总结了新中国成立40多年来我国科技事业发展的成就、经验和教训，阐明了我国中长期科技发展的战略目标、方针、政策和发展重点。努力吸收和尽快应用世界上先进的适用技术，加速国民经济各领域的技术改造。在今后相当长的时期内，科学技术的发展要以大规模生产的产业技术和装备现代化为主要方向，同时有计划、有重点地发展高新技术及其产业，稳定地加强基础研究，增加科学储备。

本纲领共分：形势与抉择、战略方针、发展重点、科技体制改革、国际合作、政策与措施六大部分。

发展高新技术及其产业

在邓小平"科学技术是第一生产力"思想和"发展高科技，实现产业化"方针引导下，通过改革创新的推动和市场机制的引导，在充分发挥我国科技力量的优势和潜力的基础上，高新技术的商品化、产业化和国际化步伐大大加快，探索出一条中国高新技术产业化的道路。

"863"产品开发基地可根据市场需求生产各类新型、高性能量子阱半导体光电子器件的生产线。

天津协和干细胞有限公司建成基因工程药物生产基地

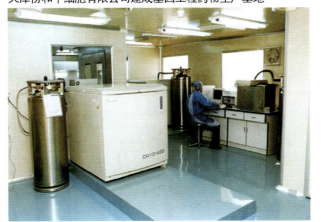

长春长生基因主营基因干扰素、白介素-2等生物基因制品

稳定地加强基础研究

　　发展基础研究，对于中国实现跨入科技大国行列、进而成为科技强国的目标至关重要。与主要发达国家和一些新兴工业化国家相比，我国在基础研究方面有明显的差距。解决这一问题，必须要分析我国对基础研究的需求，制定切实可行的基础研究发展目标。

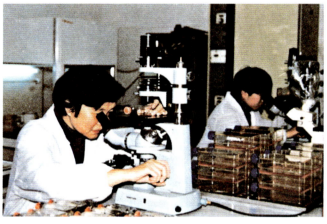

左上图：复旦大学研究人员制备用于基因治疗的基因工程细胞
左中图：天文望远镜的红外自适应光学成像系统所拍摄的双星照片
左下图：安装在2.16米天文望远镜上的红外自适应光学成像系统
右下图：基因工程制备的胰岛素前体
右上图：基因工程胰岛素晶体

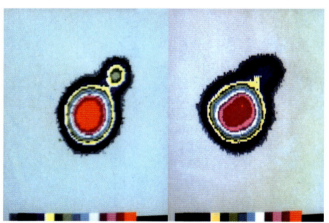

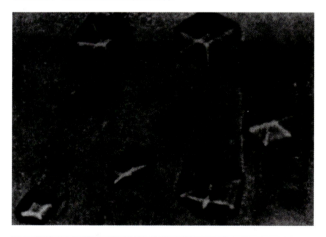

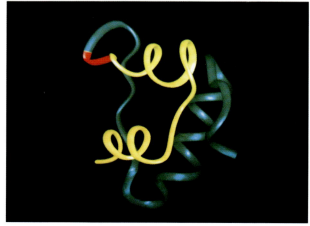

受控核聚变研究装置——中国环流器一号的主机

大力开展国际科技合作

20世纪中后期，国际形势的发展出现两个显著特点：一个是科学技术的突飞猛进，另一个是经济的全球化。在这种形势下，国际合作十分频繁，科技合作成为国际合作的重要内容，我国科学技术的发展过程也不可避免地参与到国际竞争中。我国国家科学研究机构以其强大的综合研究实力担负着大量重大、重点科技项目的研究，通过政府和民间的科技交流推动我国和世界科学技术的发展。

上图：中美双方合作开展卫星发射业务。图为发射前双方技术人员在一起合影留念。

下图：中德合资的上海大众汽车公司目前已成为中国汽车工业的支柱企业之一，从1984年12月投产到20世纪90年代初，累计生产轿车近40万辆。

上图：随着国际合作的不断开拓和发展，中国一些公司在海外的影响力正在日益扩大，寻找合作伙伴的外商纷至沓来。

下图：李四光的关于中国第四纪冰川研究，引起了中国以及世界地质学界的广泛关注。这是国外来访的客人与中国学者进行学术交流。

2 中长期科学和技术发展纲要

科学技术是第一生产力，是先进生产力的集中体现和主要标志。进入 21 世纪，新科技革命迅猛发展，正孕育着新的重大突破，也在深刻地改变经济和社会的面貌。信息科学和技术发展方兴未艾，是经济持续增长的主导力量；生命科学和生物技术迅猛发展，为改善和提高人类生活质量发挥关键作用；能源科学和技术重新升温，为解决世界性的能源与环境问题开辟了新的途径；纳米科学和技术新突破接踵而至，正在带来深刻的技术革命。基础研究的重大突破，为技术和经济发展展现了新的前景。科学技术应用转化的速度不断加快，造就新的追赶和跨越机会。因此，我们要站在时代的前列，以世界眼光，迎接新科技革命带来的机遇和挑战。面对国际新形势，我们必须增强责任感和紧迫感，更加自觉、更加坚定地把科技进步作为经济社会发展的首要推动力量，把提高自主创新能力作为调整经济结构、转变增长方式、提高国家竞争力的中心环节，把建设创新型国家作为面向未来的重大战略选择。

2006 年 2 月 9 日，国务院发布《国家中长期科学和技术发展规划纲要（2006—2020）》（简称《规划纲要》）。《规划纲要》指出，提高自主创新能力是保持经济长期平稳较快发展的重要支撑，是调整经济结构、转变经济增长方式的重要支撑，是建设资源节约型、环境友好型社会的重要支撑，也是提高我国经济的国际竞争力和抗风险能力的重要支撑。《规

北京大学研制的 12 路波分复用十光纤放大器光纤传输系统，采用自行开发的波长自动控制系统。

新中国科学技术发展历程（1949—2009）

划纲要》明确提出，我国科学技术发展的指导方针是"自主创新、重点跨越、支撑发展、引领未来"。基于此，《规划纲要》选择了带有全局性、方向性、紧迫性的27个领域（行业），对中长期的重大科技任务进行了详细分析。

信息科学和技术

世界已进入信息时代，在当前世界经济高速增长、竞争异常激烈的时代，信息技术一方面创造了巨大的物质财富，另一方面也引起了社会生产方式、生活方式乃至思维方式的变革。面对这样一个现实，中国从本国国情出发确定智能技术、光电子技术、信息获取与处理技术和现代通信技术作为研究的主题，旨在为振兴民族信息产业奠定坚实的基础。主要包括：微电子技术中的3微米生产工艺、1微米和亚微米工艺技术；专用集成电路和关键专用设备的研制；五次群光通讯系统技术、遥感技术以及大型计算机系统、软件工程技术等。

用于大功率半导体激光气泵浦的绿光激光器具有输出功率大、效率高、寿命长、体积小、使用方便等优点，在彩色投影电视、激光打印机、光盘技术、医疗、水下通信、探潜、光谱技术、导航中有广泛应用。

光电子技术是电子技术、光学技术和激光技术相结合而形成的一门交叉学科，具有信息通信容量大、中继距离长、信息存储密度大、信息处理速度快、容易实现并行及互联处理、信息获取灵敏度高以及抗电磁干扰、抗辐射等一系列特点。

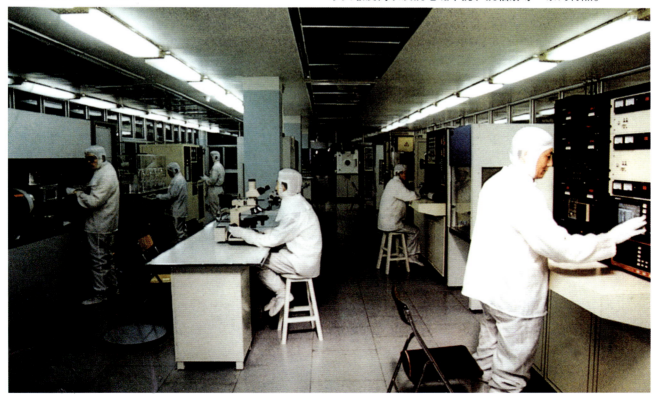

生命科学和生物技术

生命科学和生物技术将会极大地应用于国家的农业、工业和安全领域。目前生物技术的研究范围，包括基因工程、蛋白质工程、细胞工程、组织工程、动物克隆等诸多方面，涉及的领域包括医学、药物学、海洋科学等各个方面，例如个体化疾病诊断、治疗和预防等。近年来，我国在生命科学和生物技术领域的原始创新能力有大幅度提高。如采用基因导入和整合方法，培育具有特殊性能的动植物新品系，使农业生产技术产生了奇迹。如已培育出抗棉铃虫转基因棉花植株，抗黄矮病、赤霉病、白粉病小麦在田间试验获得成功，转基因快速生长鱼和试管牛均获得成功。

左上图：陈章良教授完成了水稻矮缩病毒、东格鲁病毒基因组的分离和近两万对DNA碱基序列分析，并获得了转基因抗病毒水稻。

左下图：将抗虫基因导入棉花，获得了抗虫植株，对棉花的大敌棉铃虫的抗虫效果明显，正进行田间加代。图中左为抗虫转基因棉花，虫体缩小，棉花伤口愈合。

右图：使用基因枪，可进行植物转基因操作。

抗虫转B.T.基因棉花杀虫试验

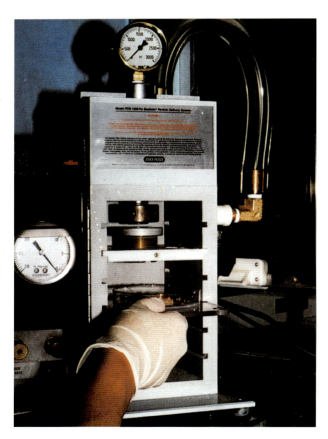

142

上图：温室内栽培的转基因植物

下图：黑龙江省水产科学研究所研制出的快速生长的转基因鲤鱼可增产 15% 以上

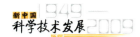

快中子反应堆大大提高了核燃料的利用率，在发电的同时还可增殖核燃料，对充分利用核资源有重大意义。

能源科学研究与开发

能源是国民经济的命脉。我国改革开放以来，能源工业迅速发展，能源结构也发生了很大变化。为了国家长远发展，除了加强油气田的稳产高产技术开发、煤炭综合开采和安全生产技术开发、煤炭清洁燃烧技术开发、水电使用的新坝型和筑坝技术开发外，国家"863"计划选择了煤磁流体发电技术和先进的核反应堆技术进行攻坚，经过广大科研人员的努力，高温气冷堆和快中子反应堆已经取得重大突破。

时任国家科委主任宋健为10兆瓦高温气冷堆开工建设剪彩

继续坚持『面向、依靠』的战略方针

——《十年规划和『八五』计划纲要》的实施

在全面分析我国经济、社会发展对科技进步的需求和国际经济科技发展态势的基础上，考虑到已拥有的科技实力、坚实的工作基础和所面临的问题和困难，并根据党的十三届七中全会的精神和我国《国民经济和社会发展十年规划和第八个五年计划纲要》所确定的目标以及《纲领》和《规划纲要》的原则要求，1991年3月国家科委在各有关部门的支持和配合下，开始着手组织制订《1991—2000年中华人民共和国科学技术发展十年规划和"八五"计划纲要》（简称《十年规划和"八五"计划纲要》），这也是我国第五次全面制定科学技术发展远景规划。《十年规划和"八五"计划纲要》进一步明确了十年和五年的科技发展目标和任务，继续坚持"面向、依靠"的战略方针。在各部门强化计划手段的形势下，规划和计划相对分离。

1 出台的国家科学计划和相关工作

国家工程(技术)研究中心计划

国家工程(技术)研究中心计划是构建社会化科技创新体系的重要组成部分，也是科技计划的重要内容。面对世界科技发展与应用的大趋势，根据国民经济发展和社会主义市场经济的需要，为加速科技体制改革，促进科技成果向现实生产力的转化，使我国的经济建设及时地调整到依靠科技进步和提高劳动者素质的轨道上，从加强工程化研究入手，为解决企业所需的共性技术、关键技术，有针对性地提供系统

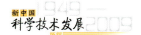
集成的工程化研究环境和手段，促使经济建设和社会发展朝着依靠科技，走内涵式道路的方向上进行。

国家基础性研究重大项目计划（攀登计划）

随着科学技术的迅速发展，基础性研究对国民经济和社会发展的巨大推动作用及战略影响已引起世界各国的重视。为了体现国家目标对基础性研究的指导作用，自1991年设立了国家基础性研究重大项目计划（攀登计划）。把基础性研究中相对比较成熟，对国家经济和社会发展及科学技术进步具有全面性和带动性的重大关键项目组织起来，以国家指令性计划的方式予以实施。攀登计划对我国加强和实现基础性研究目标起了十分重大作用。

位于成都的核工业西南物理研究院在受控核聚变实验装置——中国环流器二号A装置上首次实现了偏滤器位形下高约束模式运行。这是我国磁约束聚变实验研究史上具有里程碑意义的重大进展，标志着中国磁约束聚变能源开发研究综合实力与水平得到了极大提高。

国家重大科技成果产业项目计划和示范工程

为了加速重大成果转化，将已取得的一批符合产业发展方向的重大科技成果推向产业化，以充分发挥其高附加值效益优势，为基本建设和技术改造提供示范、样板工程，对产业结构的调整起先导和推动作用，国家在基本建设投资中，试行安排"重大科技成果产业化国家开发银行专项贷款"，支持对国民经济发展有重大影响的、综合性、成套性的重大科技成果产业化工程项目。

生产力促进中心

生产力促进中心是市场经济条件下发展和传播先进生产力、扶助中小企业技术创新的科技服务机构。生产力促进中心作为一种与国际接轨的、为中小企业提供社会服务的中介机构，为提高企业特别是中小企业的技术创新能力和市场竞争力作出了重要贡献，发挥着不可替代的作用。

2 20世纪90年代科学技术的主要任务

20世纪90年代科学技术的主要任务，一是面向经济建设主战场，运用科学技术特别是以电子信息、自动化技术改造传统产业，使传统产业生产技术和装备现代化、经营管理科学化、建立节能、降耗、节水、节地的资源节约型经济；二是有重点地发展高技术，实现产业化；三是在调整人和自然关系的若干重大领域，特别是在人口控制、环境保护、资源能源的合理开发和利用等方面的科学技术，取得重大成果；四是在基础性研究上取得显著进展。在安排上述任务的同时，必须十分重视科技成果的推广应用，把创造出来的潜在财富变为现实物质财富；必须大力发展电子技术，以取得巨大的经济效益，并成为国民经济的支柱。重点任务围绕以下几个方面的重点课题展开。

1. 农业技术

主要是农作物的良种培育和相应的栽培技术，例如抗大麦黄矮病毒的转基因小麦，抗青枯病转基因马铃薯、抗虫棉花、转基因水稻在世界首次获得成功。我国两系法（亚种间杂交优势利用）研究居世界领先地位。

抗大麦黄矮病毒的转基因小麦

1995年11月下旬，世界上第一株抗大麦黄矮病毒的转基因小麦，由中国农业科学院植物保护研究所成卓敏率领的课题组培育成功，并在京通过专家鉴定。由大麦黄矮病毒引起的小麦黄矮病，是小麦最重要的病害，流行年份会使麦田减产20%～30%。课题组经过3年努力，

测出了黄矮病毒外壳蛋白基因核苷酸序列，破译了其遗传密码，并进行人工合成。随后，课题组应用花粉管通道法和基因枪法等转化途径，将人工合成的病毒外壳蛋白基因导入普通小麦中。经过3种方法检测，证明外源基因确已存在于转基因小麦中，并稳定遗传到第三代。中国在世界上首次获得的抗病毒转基因小麦，为小麦抗病育种奠定了坚实基础。

上图：抗大麦黄矮病毒的转基因小麦
下图：抗白粉病小麦

我国在实验医学上，对激素代谢、药物代谢、免疫机制和中医中药等方面也都展开了研究，提供了有价值的资料。图为研究制备放射性仪表的辐射源。

左图：两系杂交水稻
右图：三系杂交水稻

我国两系法杂交水稻研究居世界领先地位

1998年，中国农业科学院作物所研究员薛光行等科研人员历经11年研究，揭开了阻碍我国两系法杂交水稻推广的难解之谜。他们发现"研究光、温敏强度的消长与变异规律更为重要，当前两系法杂交水稻制种、繁种生产中风险偏高是由不育系植株对光、温的敏感性不致"造成的。多年来，两系法杂交稻因为纯度不高，结实率不稳，使它的推广受到一定影响。对此，中国农科院作物所开展了深入研究，科研人员从当前生产上用的核心种子"培矮64S"分选出一个"C03"品系，它在北京地区的抽穗期比"培矮64S"晚一周，然而纯度和不育性稳定性都比"培矮64S"好。薛光行认为，这一研究的意义在于它能提高光敏核不育系的素质，进一步提高不育系和杂交稻的纯度及育种成功率，使种子繁育速度加快，降低两系法杂交稻生产的风险和成本。

2. 医学领域

基因乙肝疫苗、干扰素、白介素－2、碱性成纤维细胞生长因子已走上产业化，多项指标达到或优于国际上同类产品的指标。生物技术方面，多项已处于世界前列。

3. 资源勘探

为了增加油气供给，保障国家能源安全，必须寻求油气勘探的新途径，强化油气勘探，促进油气发现。主要是塔里木盆地油气资源的系统研究、东海气田的勘探研究。有色金属勘探重点在"西南三江成矿带"，系指怒江、澜沧江、金沙江（元江）的三江并流地区，包括青海南部、西藏东部、四川西部、云南西部地区以及新疆地区。成矿带位处印度板块与扬子板块结合部位，地质构造复杂、沉积建造多样、岩浆活动频繁、变质作用强烈。

西南三江矿带考察

我国西南怒江、澜沧江和金沙江—红河流域通称三江地区。在地质上处于特提斯—喜马拉雅构造域东部挤压、褶皱及推覆最强烈的地带。区内地质构造十分复杂，形成了规模大、数量多的弧形深断裂及大断裂，有色金属、贵金属和稀有金属—非金属等矿藏十分丰富。目前西南三江地区是我国最重要的新生代成矿区（带），分布着一系列各具特色的矿集区，如玉龙以铜金属为主，金顶以铅锌为主，牦牛坪以稀土为主，哀牢山以金为主等。我国的科研人员在对这些矿集区的基本特点进行归纳的基础上，探讨了矿集区分布的基本格局（即两横两纵两斜加一点）及其构造背景。在此基础上，提出了三个可以扩大远景的矿集区和三个潜在的矿集区，进一步探讨其新的找矿方向。

图为科技人员在三江矿带进行科学考察

柴达木盆地内有丰富的石油。1959年1月,青海石油勘探局更名为青海石油管理局后,集中主要力量在冷湖进行钻探工作,当年青海石油管理局原油产量就超过30万吨。

塔里木、东海油气田勘探

多年来的勘探与科研成果表明,塔里木盆地有油气前景,但它却是一个油气地质条件十分复杂的盆地。虽然我们已探明了多个工业油气层,多个含油气构造和油气田,但还没有发现大型油气田。我国科研人员认为,塔里木盆地具有优越的构造背景,多旋回沉积体系、多构造体系、多时代含油气体系、多期成藏;勘探领域广泛,是寻找大油气田的有利地区;台盆区古隆起、古斜坡、断裂带、区域不整合及前陆盆地的断褶带、斜坡带以及逆掩带是今后油气勘探主要方向和靶区。自1974年起,中国即开始在东海进行石油、天然气勘测,并发现了多个油田。1995年,新星公司在春晓地区试钻探成功。春晓油气田距上海东南500千米,距宁波350千米的东海海域,所在的位置被专家称为"东海西湖凹陷区域"。这个目前中国最大的海上油气田,由4个油气田组成,占地面积达2.2万平方公里。

塔里木油田亚洲规模最大的天然气处理——克拉作业区中央处理厂

塔里木盆地石油勘探现场

建设中的宁夏30万吨乙烯厂

4. 大型成套设备研制

主要是2000万吨级大型露天矿成套设备、60万千瓦核电机组、50万伏直流输变电成套设备、重载列车成套设备、30万吨乙烯成套设备等。

30万吨乙烯化工厂

改革开放以来，我国石化产业一直处于高速发展的状态，作为石油化工产业的龙头——乙烯工业的发展在我国呈现出争先恐后上项目的局面。乙烯工业是一种高投入、高产出、高技术含量、高附加产值的重化工工业。乙烯工业布局必须符合国家经济整体发展的需要,符合区域经济的特点。我国在发展乙烯工业时汲取了美国、日本、韩国等国家的乙烯工业布局的经验，实施了合理的乙烯工业布局，实施了乙烯工业大型化、规模化、基地化和园区化的发展模式，逐步做到有效、快速发展。

国家重点工程——格尔木炼油厂

2000万吨级的大型采矿设备

我国是世界采矿大国之一，金属矿石产量居世界前列。1999年金属矿山矿石产量超过3亿吨，其中铁矿石为2.09亿吨，有色金属矿石为0.93亿吨。采矿工业的进步又主要取决于采矿装备的发展，与国外先进的采矿装备相比，我国金属矿山尤其是地下金属矿山在这方面差距很大。随着我国加入世界贸易组织，随着21世纪知识经济时代的到来，我国金属矿山采矿设备的发展获得了极好的机遇。改革开放以来，通过对重大采矿装备的技术攻关和对国外先进技术装备的引进消化，我国采矿装备得到了很大发展，具备了一定的规模和水准，我国已能制造各种主要采矿设备，可成套装备年产1000万吨露天矿及100万吨地下矿。

矿山采矿的大型机械

5. 交通技术

主要是铁路运营管理和控制技术，铁路高速客运技术，新型机车技术，高等级公路和路用材料技术，民航导航通讯、空中交通管制和运行管理技术，干线飞机设计制造技术，以及内河航道疏浚装备和内河新型船舶技术，港口装卸技术等。

6. 原材料技术

主要是大品种化工催化剂的国产化、煤化工技术、氧煤强化冶炼技术、有色金属节能和综合利用技术、建材工业的节能技术和耐火材料制造技术等。

7. 其他技术

主要是人口控制和优生优育技术，疾病防治新技术、污染防治综合技术、水土保持技术、重大和频发性自然灾害的监测预报技术等。

8. 重大科技前沿研发方面

十年间，重大科技成果在一些领域已经达到或者接近世界先进水平，共实施专利5万多项，推广了一大批重大科技成果，提高了传统产业的技术水平和经济效益。北京正负电子对撞机、重离子加速器、同步辐射实验室等大型科研项目的相继投入使用，银河巨型计算机的研制成功，水下导弹、长征二号大推力捆绑式火箭、亚洲一号通讯卫星的成功发射等，表明我国在高能物理、计算机技术、运载火箭技术、卫星通讯技术等方面有了新的突破。

这列蓝白相间的漂亮火车就是20世纪90年代由我国自行设计制造的准高速列车

长征二号大推力捆绑式火箭

　　1986年，为了适应国际卫星发射市场的需求和推进航天技术的进一步提高，我国把研制大推力捆绑式火箭提上日程。长征二号E火箭的最大特点是采用先进的捆绑技术，从而大大提高了火箭的运载能力，满足了当时发射重型低轨道卫星的要求。长征二号E运载火箭的研制成功，不仅大大增强了中国的低轨道和地球同步转移轨道的运载能力，而且为中国大推力火箭的研制发挥了承前启后的作用。1995年，长征二号E火箭在一年之内进行了3次国际商业发射。1月26日在发射美制亚太二号通信卫星时，长二捆火箭发生爆炸，造成星箭俱毁。这是长二捆火箭的一次真正的失败。经过一系列的整改后，长征二号E火箭走出阴霾，于11月28日和12月28日发射两发两中，将亚洲二号和艾科斯达一号两颗通信卫星准确送入预定轨道。我国长征二号E大推力火箭以它巍巍雄姿登上了国际卫星发射舞台。

水下导弹发射成功

　　1988年，中国核潜艇水下发射导弹成功。这标志着人民海军战斗力有了质的飞跃。水下弹道导弹发射的试验，为中国核潜艇由攻击型演变成战略型探索出一条路子，使中国核潜艇也具备了核打击的能力。

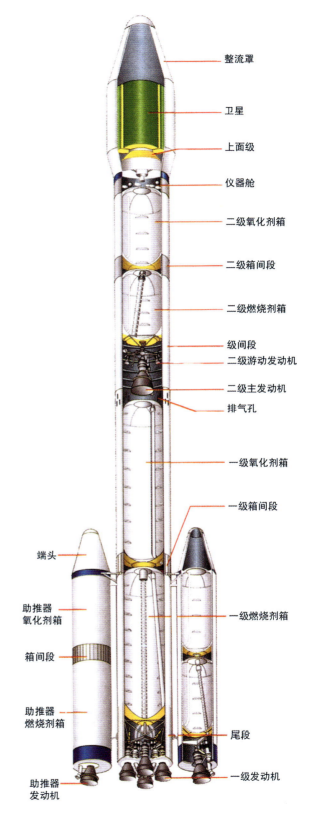

整流罩
卫星
上面级
仪器舱
二级氧化剂箱
二级箱间段
二级燃烧剂箱
级间段
二级游动发动机
二级主发动机
排气孔
一级氧化剂箱
一级箱间段
端头
助推器氧化剂箱
一级燃烧剂箱
箱间段
助推器燃烧剂箱
尾段
助推器发动机
一级发动机

右图：长征二号大推力捆绑式火箭
左图：1988年中国核潜艇水下发射导弹成功

西昌卫星发射中心

亚洲一号通讯卫星

亚洲一号通讯卫星成功发射

　　1990年4月7日,我国在西昌卫星发射中心用长征二号捆绑式火箭成功发射了亚洲一号通讯卫星,表明我国在高能物理、计算机技术、运载火箭技术、卫星通讯技术等方面有了新的突破。亚洲一号卫星的制造厂商美国休斯公司和亚洲卫星公司的专家与我国航天专家一道进行了这次发射合作。成千上万的汉、彝、藏等各族人民以及来自17个国家和中国香港、台湾地区的200多位嘉宾,聚集在发射现场,目睹了我国运载火箭发射外国卫星的壮景。这标志着中国正式进入国际航天发射市场。

人类基因草图中国卷完成

1999年12月1日，由英、美、日等国科学家组成的研究小组宣布已破译出首对人体染色体遗传密码，这是人类科学领域的又一重大突破。人类基因组计划（HGP）是一项举世瞩目、越国界、跨世纪的科学壮举。它具有推动科学和技术的发展、造福人类的重要历史意义。2001年8月26日，国家科学技术部会同中国科学院、国家自然科学基金委员会组织有关专家在北京国家人类基因组北方研究中心对"人类基因组计划中国部分测序项目"进行了验收。中国作为参加人类基因组计划六个成员国（美国、英国、法兰、德国、日本、中国）中唯一的发展中国家，承担了1%的测序任务。中国科学院北京基医组研究所所长、北京华大基因研究中心主任杨焕明教授一直从事基因组科学的研究。在他的主持下完成了人类基因组计划中国部分的测序任务，使中国成为这一被称为20世纪登月计划的宏伟项目的成员国，得到了各国领导人和国际科学界的高度赞扬。

克隆牛"康康"、"双双"诞生

2001年11月，由董雅娟、柏学进主持的我国首例体细胞克隆牛"康康"和第二例克隆牛"双双"先后在莱阳农学院诞生。被命名为"康康"的克隆牛是一头黑色的肉牛，出生时体重30千克，体长64厘米，心跳和呼吸均非常健康。它的降生出乎在场专家的意料，生产过程非常顺利，刚刚出生一个多小时"康康"就已经活蹦乱跳了。几天后，与"康康"的母亲"桂花"同时怀上克隆牛的另一头母牛"翠花"也顺利生产出一头雌性小牛，名叫"双双"。"康康"、"双双"是第一次由我国自己使用克隆技术培育成功的，

突破了国大现有的技术水平，极大地推动了我国动物克隆技术的发展。这也是当时我国唯一健康存活的体细胞克隆牛，还是世界上唯一的双胞胎克隆牛，这意味着我国克隆牛的成功率达到世界先进水平。

2000年7月3日，承担1%人类基因组测序任务的中国科学院遗传所人类基因组中心在北京举行颁奖大会，表彰参与人类基因组计划的科学家和有关合作单位。图为中国科学院遗传所所长李家洋（左）将奖旗颁授国家自然基金委员会人类基因组重大项目秘书长、中国科学院遗传所人类基因组中心主任杨焕明。

董雅娟（1964 — ）教授（右）、兽医博士
柏学进（1964 — ）教授

第四章
"科教兴国"的战略决策

　　1995年5月，党中央、国务院公布《关于加速科学技术进步的决定》，提出了"科教兴国"的伟大战略。《决定》指出：科教兴国，是指全面落实"科学技术是第一生产力"的思想，坚持教育为本，把科技和教育摆在经济、社会发展的重要位置，增强国家的科技实力及向实现生产力转化的能力，提高全民族的科技文化素质，把经济建设转移到依靠科技进步和提高劳动者素质的轨道上来，加速实现国家的繁荣富强。

　　1997年党的十五大召开，进一步确立了"科教兴国"和"可持续发展"的发展战略，提出了发展国民经济要实现两个根本转变，即经济增长方式由粗放型转为集约型，把国民经济建设转变到依靠科技进步和提高劳动者素质上来，明确把加速科技进步放在经济、社会发展的关键地位。

1995 年 5 月 26～30 日，全国科学技术大会在北京召开。图为开幕式会场。

新中国
科学技术发展

全面落实『科教兴国』战略

——《科技发展『九五』计划和到2010年长期规划纲要》的实施

新中国科学技术发展历程（1949—2009）

1995年5月，江泽民同志在全国科学技术大会上的讲话中提出了实施"科教兴国"的战略，确立科技和教育是兴国的手段和基础的方针。这个方针大大提高了各级干部对科技和教育重要性的认识，增强了对科学技术是第一生产力的理解。实施"科教兴国"战略，既要充分发挥科技和教育在兴国中的作用，又要努力培植科技和教育这个兴国的基础。在当前，更要着重加强和扶持科技与教育，为国家的近期发展和长期稳定发展打好基础。提高生产者对经济增长的贡献率，尽快地建立起高科技企业；同时要加强提高国民素质，加强基础教育，注重人才的培养，重视创造性的科研工作。科技和教育具有双重的功能，既能为当前经济社会的发展提供各种手段，又为持续的、长远的发展提供必要的基础。今天科技和教育能够为经济和社会的发展提供知识、技术、人才，从而产生效益，也是对之前的科技和教育的投入的回报。

1 出台的科学计划和相关工作

社会发展科技计划

社会发展科技计划旨在解决环境保护、资源合理开发和利用、减灾防灾、人口控制、人民健康等社会发展的领域的科技问题，为改善生态环境、提高人民生活质量和健康水平作出贡献，促进经济和社会的持续协调发展，是科技计划矩阵管理系统中的一个横向协调计划。

国家技术创新计划

国家技术创新计划，是国家科技计划的主体计划之一，是在财政、金融支持下，引导和吸收企业和社会力量（包括人才和资金），增强企业技术创新能力的国家计划。该计划包括技术开发、高技术产业化、技术中心建设等内容。

国家重点基础研究发展计划（"973"计划）

"973"计划于1998年正式实施，是在国家部署的在已有基础研究工作的基础上，围绕重点领域，瞄准科学前沿和重大科学问题，开展创新的基础研究计划，为解决21世纪初我国经济和社会发展中的重大问题提供有力的科学支撑，培养一批有高科学素质、有创新能力的人才，强化基地建设，提高科学水平，并以此带动我国基础研究乃至科学技术的全面发展。

科技型中小企业技术创新基金

科技型中小企业技术创新基金，是经国务院批准设立的，它不以营利为目的，是一种引导性基金。该基金支持的项目应符合国家产业技术政策，要有较高的创新水平和较强的市场竞争力，有较好的潜在经济效益和社会效益，有望成为新兴产业的技术成果。使用坚持科学评估、择优支持、公正透明、专款专用的原则，引入竞争机制，推行创新基金的项目评估和招标制度。

知识创新工程

知识创新工程是国家创新体制建设的重要组成部分，标志着我国科技体制改革进入了新的阶段和新的发展时期。首先批准中国科学院启动知识创新的试点工作。中国科学院知识创新工程的试点工作，按照高目标、高起点、高要

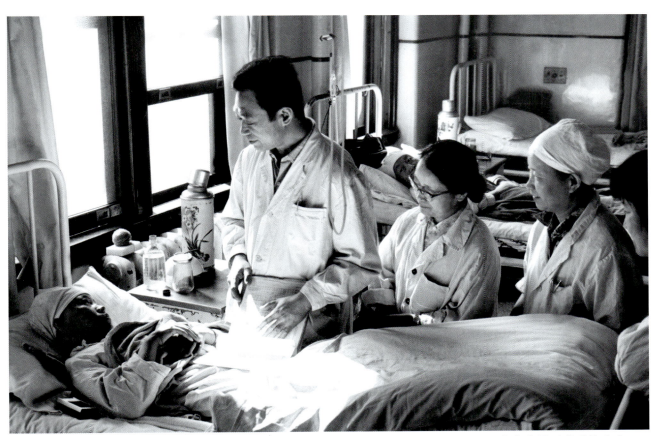

绒癌研究小组成员王元萼（左二），时任首都医院妇产科讲师、绒癌病房主治大夫。这是他在查看手术后的病人。

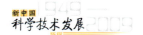
求，统一规划、分步实施、重点突破、全面推进的工作思路逐步展开。

中央级科研院所科技基础性专项

1999年中央级科研院所科技基础性专项开始实施，以中央级科研院所为实施主体，通过项目的实施带动科技基础性工作基地建设，促进科技基础性工作体系完善和发展，逐步建立和完善资源与成果的共享机制，保证社会共享的实现。

科研院所技术开发研究专项资金

1999年，从减拨的科学事业费中集中部分资金，建立了科研院所技术开发研究专项资金。主要用于支持中央级技术开发型科研机构（包括1999年以后转制的原中央级技术开发型科研机构）开发高新技术产品或工程技术为目标的应用开发研究工作。

科技兴贸行动计划

科技兴贸行动计划是2002年由外经贸部、科技部、经贸委、信息产业部、财政部、海关总署、税务局、质量监督检验局八家联合提出的。主要通过发挥政府政策的引导和服务功能，改进高新技术进出口政策环境；加快进出口商品结构的调整，推进我国高新技术产业国际化；推动我国具有自主知识产权的高新技术产品出口，增加出口产品中的技术密集型产品的比重；在发挥比较优势的基础上，创造新的竞争优势，最终实现我国对外贸易发展模式的战略转变。

国家大学科技园

国家大学科技园是以研究型大学或大学群为依托，将大学的人才、技术、信息、实验设备、图书资料等综合技术优势与科技优势结合起来，

加快对引进技术的消化吸收，严格按奔驰标准完成许可证车型图纸和工艺文件的中国化。这是技术人员精心总装北方—奔驰载重车。

为技术创新和成果转化提供服务的机构。1999年9月，科技部、教育部联合发布了《关于组织开展大学科技园建设试点的通知》，从此正式启动了国家大学科技园的试点工作，从国家层面上联合推进大学科技园建设。

科研院所社会公益研究专项

科研院所社会公益研究专项是2000年由科技部组织实施，重点支持若干社会公益研究基地建设，形成社会公益研究网络，为社会可持续发展和公益服务事业提供技术保障，促进社会公益研究可持续创新能力和水平的提高。

三峡移民科技开发专项

三峡移民科技开发专项1996年开始启动，由国家科委和国务院三峡工程移民移民委员会移民开发局（简称国务院三峡移民局）组织实施。其任务是：通过开发、推广和引进先进实用技术，解决库区经济发展和生态建设中的共性和关键技术，促进库区区域性支柱产业的发展，培育特色新兴产业，恢复和治理库区生态环境，推进三峡库区的信息化和现代化。

西部开发专项行动

为配合西部大开发战略的总体部署，科技部组织实施了西部开发专项行动。这一专项行动，坚持科学规划先行，重点突出，分步实施；以生态环境建设为中心，加强技术集成和示范推广，以点带面；注重西部地区资源优势与科技优势相结合，积极推动联合，强化科技能力和创新环境建设。该项行动主要通过国家科技攻关计划、基础性研究重大项目计划、"863"等国家重大科技计划来组织实施。

"房前一条路，屋后一片园"。长江两岸，是举世瞩目的三峡工程所在地，两岸移民新村的开发性规划也越来越好。这是已经初具规模的云阳县姚坪移民新村，还在按计划不断扩建、完善。

2 科技进步促进农业增产成果

在"科教兴国"战略指导下，我国"九五"期间，在以科技发展促进经济建设方面获得了丰硕成果，科技自身的实力得到了较大的提高。农业科技：水稻旱种、稀植和节水技术、ABT植物调节剂和小麦旱地全生育期地膜覆盖栽培等技术，提高了粮食的增产。

水稻旱种稀植和节水技术

水稻旱种稀植是在与旱田栽培相似的条件下种植水稻，全生育期田间不淹水层，主要靠自然降水满足水稻需水，只在天气干旱时才适当灌水，补充水分。水稻旱种通常有几种形式：如利用涝洼地旱种水稻，或是在有一定灌溉水源的条件下，用灌"跑马水"方式旱种水稻；如水稻覆膜旱种。近几年的水稻旱种面积逐年增加，截至2003年，三年累计旱种面积7500亩，平均单产420千克/亩，比插秧稻仅低13千克/亩，但比插秧稻亩节支增收55元左右。水稻节水高效技术，即采用旱育秧可培育壮秧、运用"三旱"整地技术可提高插秧质量、本田浅湿灌溉能够解决水稻生产中的关键技术，其增产、节本、增效显著。

小麦旱地全生育期地膜覆盖栽培

小麦全生育期地膜覆盖栽培技术，是甘肃省农科院研究成功的夺取旱地小麦和晚播麦高产的突破性技术，具有抗旱、节水、增温保墒、促根增蘖、增加群体、发育加速、穗层整齐、穗大粒多的作用，是我国1986年在定西实验区研究成功的一种新的旱地栽培技术。旱地春小麦

由于地膜覆盖技术的推广，我国许多地区普遍采用了这项新的种植技术。目前，已有1500多万亩各种农作物采用了地膜覆盖技术，人们渴望丰收的来临。

164

全生育期地膜覆盖栽培技术在整个生育阶段有明显的保水效果，增温效应主要在拔节前，并降低地表土壤容重，土壤养分亦发生了有规律的变化，而且具有显著的生物学效应。由于旱地春小麦全生育期地膜覆盖栽培关键技术的解决，实现了全生育期地膜覆盖，地膜小麦最高产量可达332.89千克/亩，试验产量已超过水潜势，接近于热潜势。

水稻旱种稀植和节水技术

ABT 植物调节剂

ABT生根粉系列是中国林科院王涛院士研制的一种新型广谱高效植物生长调节剂，它突破了国内外单纯从外界提供植物生长发育所需外源激素的传统方式，通过强化、调控植物内源激素的含量、重要酶的活性、促进生物大分子的合成，诱导植物不定根或不定芽的形态建成，调节植物代谢作用强度，达到提高育苗造林成活率及作物产量、质量与抗性的目的。现在，ABT技术已应用于全国80％的县（市）和32个国家和地区，由24万人组成的ABT基金会与国际合作中心也已建立。"ABT生根粉系列的推广"1996年荣获国家科技进步奖特等奖并获首届亿利达科学技术奖，1997年又荣获何梁何利科学技术进步奖，并先后获得国内国际重大奖项28项。ABT生根粉系列自1989年列入国家科技成果重点推广计划以来，已在全国30个省(市)1582个植物品种上广泛应用，从扦插育苗、播种育苗、苗木移栽、造林及飞播造林到农作物、蔬菜、果树、花卉、药用等特种经济植物应用，都能普遍提高成活率，并有明显增产效果。

中国工程院院士、中国林科院研究员王涛（右）长期从事林木无性繁殖研究，发明了植物立体培育技术，并致力于ABT生根粉系列技术的研究与推广。

3 科技进步促进工业发展成果

在"科教兴国"战略指导下,"九五"期间,科技进步促进工业发展方面成果累累:数字程控交换机、氧煤强化炼铁技术、镍氢电池、非晶材料等产业化获得重大成果;三峡工程、集成电路、秦山核电站二期等工程通过科技创新,攻克了关键技术,掌握了成套技术装备的设计和制造技术;计算机辅助设计(CAD)、计算机集成制造系统(CIMS)等重大共性技术推广,大幅提高了企业创新能力;创新药、水资源利用和保护、小康住宅、夏商周断代工程等重大项目的实施,为社会事业的发展作出了贡献。

氧煤强化炼铁技术

由鞍钢等15个单位承担的国家"八五"重点科技项目——高炉氧煤强化炼铁新工艺,经过5年的努力,全面按期完成,达到了预期目标。1995年8月21日至11月20日在鞍钢3号高炉进行了煤比为200千克/吨的氧煤强化炼铁工业试验。试验达到了预期目标,煤比平均达203千克/吨,富氧率3.42%,煤焦置换比0.8,实现了低富氧率条件下高煤比的强化冶炼。通过技术开发与攻关,在喷煤量指标、喷煤安全技术、喷煤工艺及装备水平、喷煤相关技术四个方面有所突破,氧煤强化炼铁应用理论的研究也有新的进展。我国高炉喷煤成套技术取得重大突破,高炉氧煤强化炼铁新工艺达到世界先进水平。

上图:氧煤强化炼铁技术
下图:电子部11所研制成的各种YAG晶体

非晶材料研究取得突破性进展

　　材料是人类文明进步的重要标志，新材料是发展高新技术的基础和先导。新材料研究、开发与应用水平反映了国家整体科学技术和工业水平。因此，世界各国都把研究新材料放在突出的地位。非晶材料，也称非晶态材料，是运用高科技手段，将熔融态常规金属快速冷却凝固而生成的一种人造材料。我国研制出的具备特异磁感性能的非晶、纳米晶新材料，突破了连续稳定生产22微米超薄带状材料的关键技术，建成了年产500吨超薄带的生产线；开发出了对力、磁具有高灵敏度的非晶丝状材料，这些新型材料在家电、通信产品以及汽车安全方面拥有广泛的应用空间。

上图：电子部11所研制的我国最大的，用于生长优质大尺寸人工晶体的自动化单晶炉。
下图：清华大学研制的激光基座法晶纤生长炉，达到国际先进水平，拉制了多种单晶光纤。

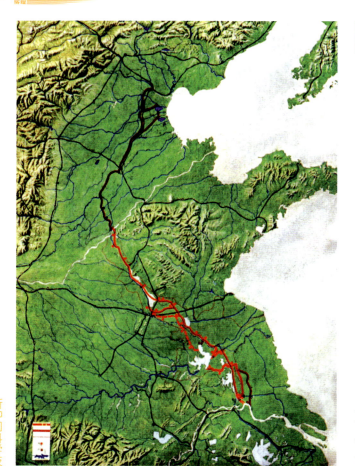

南水北调工程正式开工建设

南水北调工程于2004年11月27日上午正式开工建设。开工典礼在北京人民大会堂和江苏省、山东省施工现场同时举行。这标志着南水北调工程进入实施阶段。从20世纪50年代提出"南水北调"的设想后，经过几十年研究，南水北调的总体布局确定为：分别从长江上、中、下游调水，以适应西北、华北各地的发展需要，即南水北调西线工程、南水北调中线工程和南水北调东线工程。西线工程在青藏高原上，地形上

上图：南水北调东线工程示意图
下图：南水北调工程有东、中、西三条调水线路，将与长江、黄河、淮河、海河相连，构成我国水资源"四横三纵、南北调配、东西互济"的总体格局。

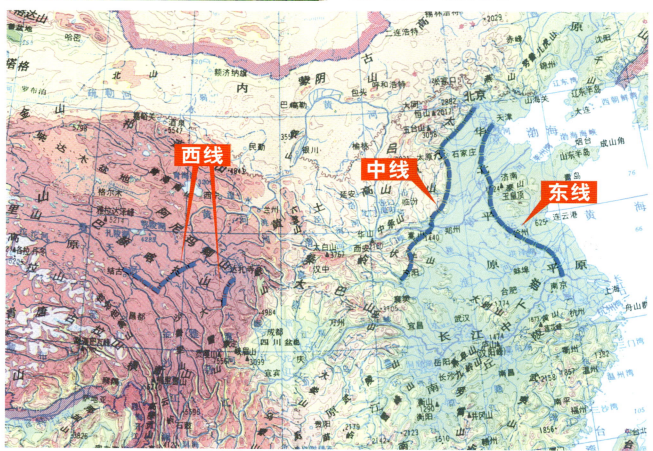

可以控制整个西北和华北，因长江上游水量有限，只能为黄河上中游的西北地区和华北部分地区补水。中线工程从长江中游及其支流汉江引水，可自流供水给黄淮海平原大部分地区。东线工程位于东部地区，因地势低需抽水北送。

计算机辅助设计（CAD）

20世纪80年代中期以来，CAD技术向标准化、集成化、智能化方向发展。一些标准的图形接口软件和图形功能相继推出，为CAD技术的推广、软件的移植和数据共享起了重要的促进作用；系统构造由过去的单一功能变成综合功能，出现了计算机辅助设计与辅助制造连成一体的计算机集成制造系统；固化技术、网络技术、多处理机和并行处理技术在CAD中的应用，极大地提高了CAD系统的性能；人工智能和专家系统技术引入CAD，出现了智能CAD技术，使CAD系统的问题求解能力大为增强，设计过程更趋自动化。现在，CAD已在电子和电气、科学研究、机械设计、软件开发、机器人、服装业、出版业、工厂自动化、土木建筑、地质、计算机艺术等各个领域得到广泛应用。

中国拥有自主知识产权的CAD产业，走过了近30年的艰辛路程。计算机辅助设计是"863"重大课题，进入"十一五"规划阶段后，我国软件在正版化工作的指导下提升到了新的高度，目前在计算机辅助设计方面研究已经取得重大成果，其行业也得到迅速发展和壮大。

上图：电子部14所微组装中试线的网络分析仪—计算机—激光自动调修系统，可用于自动测试修调收/发组件等混合集成电路。
中图：BGP软件研发中心
下图：在集成电路的大生产试验中，我国采用了自己发明的光刻和抛光新工艺，简化了工艺过程。图为集成电路的光刻曝光系统。

计算机集成制造系统(CIMS)

计算机集成制造系统是信息技术、自动化控制技术和现代企业管理思想的有机综合，是提高企业竞争能力的有效手段。CIMS系统需依靠闭回路的控制程序，并以传感器所提供的实时信息为基础。CIMS使设计和制造过程更具弹性，并可通过计算机连接至工厂端以监控作业流程，适用于设计、分析、规划、库存控制与配送等应用。开展计算机集成制造系统CIMS研究是我国"863"重点项目。中国必须研究如何从自己国情出发，开辟发展利用信息技术振兴中国制造业的道路，发展中国式的CIMS应更多强调信息集成，强调利用CIMS加强企业对各种资源的集约化管理，使企业有能力根据竞争形式的变化，及时有效地优化资源配置，缩短对市场变化的响应时间，改善企业产品与服务的质量，从而提高企业经济效益及竞争能力。在这样的战略思想指导下，科学家们提出要结合在企业进行试点，发展CIMS的总体集成技术。

夏商周断代工程取得成果

夏商周断代工程是一项史无前例的文化工程。该工程作为"九五"国家重点科技攻关项目，于1996年5月16日正式启动，到2000年9月15日通过国家验收。该工程将自然科学与人文社会科学相结合，是我国有史以来规模最大的一次多学科交叉联合攻关的系统工程。在工程实施过程中，来自历史学、考古学、天文学、科技测年学等多种学科的200多位专家学者，在李学勤、李伯谦、席泽宗、仇士华四位首席科学家的带领下，团结协作，攻克难关，取得了具有创新意义的研究成果，先后完成了9个课题、44个专题的研究。夏商周断代工程使中华文明发展的重要时期夏商周三代有了年代学标尺，理清了先秦历史的起承转合和发展脉络，填补了我国古代纪年的一段空白，制定了迄今为止最有科学依据的夏商周年代表，为继续探索中华文明的起源打下了基础。同时，该工程的顺利完成也开启了21世纪交叉学科共同研究的范式。

北京第一机床厂柔性制造系统车间

上图：国家 CIMS 实验室

下图：郑州商城为商代早期都城遗址，其面积约 13 平方公里。图为郑州商城北大街宫殿遗址发掘现场。

国家康居工程是继安居工程、小康住宅、城市住宅示范小区之后，建设部为推进我国住宅产业现代化、提高住宅产品质量为先决的为民工程。

面向 21 世纪康居住宅

国家从20世纪80年代开始实施住宅小区示范工程，现在已经历了三个阶段：80年代强调提高单体住宅的配套功能；90年代初提出住宅小区综合配套建设；90年代末推出了国家康居示范工程。1999年建设部下发了《国家康居示范工程实施大纲》并正式实施国家康居示范工程。国家康居示范工程是以推进住宅产业现代化为目标，旨在带动住宅建设新工艺、新材料、新设备、新技术的应用，提升住宅设计、施工档次，提高居住生活质量，达到健康居住的效果。它包含：以科技为先导、以推进住宅产业现代化为总体目标、以加速对传统住宅产业的改造更新，充分体现新世纪的住宅设计水平，充分体现"以人为本，回归自然"为设计原则，达到"健康住宅"（世界卫生组织定义）的标准，体现建筑材料的科技含量，充分应用"绿色建材"，领导中国住宅产业的发展方向。

党的十一届三中全会以后，江苏省江阴市区东的华西村发生了翻天覆地的惊人巨变，成为名扬中外的"中国第一村"。

2001年5月18日，国家计委和科技部联合发布了《国民经济和社会发展第十个五年计划科技教育发展专项规划（科技发展规划）》（简称《"十五"科技发展规划》）。该规划在"面向、依靠、攀高峰"的基础上，提出了"有所为、有所不为，总体跟进、重点突破，发展高科技、实现产业化，提高科技持续创新能力、实现技术跨越式发展"的指导方针，简称"创新和产业化"方针。按照这一方针，针对当前国民经济发展的紧迫需求和国家中、长期发展的战略需求，在"促进产业技术升级"和"提高科技持续创新能力"两个层面进行战略部署。

1 出台的国家科学计划和相关工作

国际科技合作重点项目计划

新中国成立以来，我国与世界上大多数国家进行了广泛的科技合作与交流，取得了丰硕成果。特别是20世纪50年代与苏联的科技合作、改革开放后与西方国家的科技合作，在我国对外科技合作发展史上占有突出地位。20世纪90年代以后，全球科技合作出现了一些新的特点和趋势，针对国内外形势，我国制定了相应的国际合作的方针和近期目标。该计划的实施，使我国国际科技合作项目得以在高水平、高层次上展开，以互利的形式分享国际重大合作项目的成果。

农业科技成果转化资金

2001 年，经国务院批准设立"农业科技成果转化资金"，是通过吸引企业、科技开发机构和金融机构等渠道的资金投入，支持农业科技成果进入生产的前期开发，逐步建立起适应社会主义市场经济，符合农业发展规律，有效支撑农业科技成果向实现生产力转化的新型农业科技投入保障体系。

国家农业科技园区

国家农业科技园区是以市场为导向、科技为支撑的农业发展的新型模式，是农业技术组装的集成载体，是市场与农业连接的纽带，是农业现代科技的辐射资源，是人才培养和技术培训的基地，对周边的农业产业升级和农村经济发展具有示范与带动作用。科技部2001年开始了国家农业科技园区的试点工作。

奥运科技（2008）行动计划

该计划旨在将2008年北京奥运会办成一届科技含量最高的体育盛会。以科技助奥运为契机，提高我国科技创新能力和科技服务与经济、社会发展水平，促进我国高科技跨越式发展。同时，使北京奥运会成为向世界展示中国高新技术创新的窗口和平台。

实验人员在实验室里精心栽培用来进行生物基因研究的芥兰草

2 集中资源、抢占制高点，实现跨越式发展

为贯彻国家科教兴国战略和人才强国战略，主动应对我国加入WTO后来自国外的人才、专利、技术标准竞争的机遇和挑战，2001年12月，科技部经国家科教领导小组第十次会议批准，组织实施了"十五"人才、专利、技术三大战略，并启动实施了12个重大科技专项。通过组织实施重大科技专项，推动攻克一些具有长远性、根本性和全局性的战略性的科技问题，促进高新技术企业发展，这是"十五"科技工作中的重中之重，是贯彻"三个代表"重要思想的具体行动，也是新时期科技工作与时俱进的客观需要。

1. 增强科技创新能力，实现跨越式发展

"十五"科技规划，国家从战略高度出发，加大了对生命科学、纳米科学、信息科学、地球科学等前沿领域的支持，取得一批重要成果。我国的原始创新能力显著增强，如植物基因测序的突破、中国大陆科钻1井顺利完成先导钻孔任务、曙光4000A高性能计算机进入世界前列、克隆和鉴定人类生物功能与疾病相关的新基因1500个等生物基因研究处于世界领先水平。另外，国家高新技术开发区实现超常规发展，成为我国重要的技术创新基地；正在运行的国家重点实验室，覆盖了我国基础研究和应用基础研究的大部分学科领域。

174

曙光 4000A 高性能计算机

中国科学院计算所开发的曙光 4000A 高性能计算机的计算能力突破了每秒 10 万亿次,在 2004 年 6 月美国能源部劳伦斯—伯克利国家实验室全球 500 强超级计算机评选中排名第十。中国成为继美国、日本之后世界上第三个能制造、应用 10 万亿次商品化高性能计算机的国家,但曙光 4000A 采用的 CPU 产自美国 AMD 公司。中国高性能计算机的设计与制造水平已进入世界前列。目前国内已有大批用户购买曙光系列计算机,应用领域覆盖了科学计算、生物信息处理、数据分析、信息服务、网络应用等。

曙光 4000A 高性能计算机研制成功,标志着我国大规模并行机的关键技术跨入一个新的里程碑。

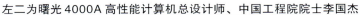

左二为曙光 4000A 高性能计算机总设计师、中国工程院院士李国杰

我国首创基因工程药物——干扰素

恶性肿瘤、乙型肝炎等疾病严重危害人民的身体健康,利用基因工程生产药物和疫苗,防治疑难疾病,是当代生物技术的热点。我国研制的基因工程干扰素α1b,是世界上第一个采用中国健康人白细胞来源的干扰素基因克隆和表达的基因工程药物,α-型干扰素是目前世界上公认的抗肝炎病毒最有效的药物,是我国"863"计划生物技术领域第一个实现产业化的产品,是我国卫生部批准生产的第一个基因工程药物,并被列入第一批国家级火炬计划项目,是我国首创的国家级一类新药。干扰素为内源性药物,能治很多疑难病症,内源性药物是医药发展的一个新方向。

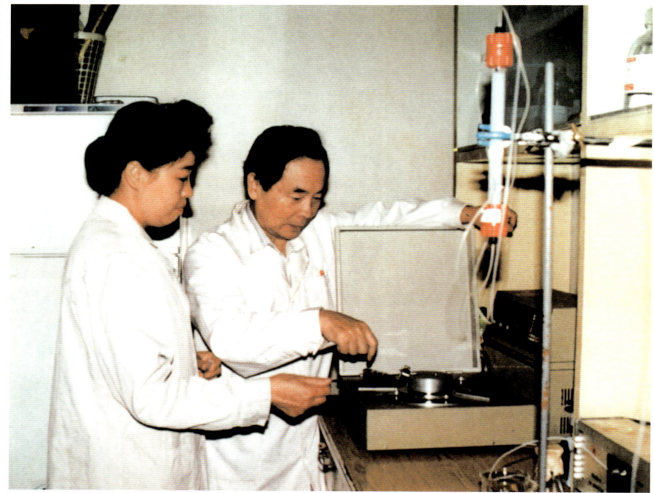

中国工程院院士侯云德（右）成功研制出基因工程药物干扰素

2. 农业科技促进了农业增长方式和综合生产能力的提高

针对"三农"问题的新趋势和特点,"十五"科技规划紧紧抓住粮食增产和农民增收两个突出问题,重点开展了农业生物基因组学与农产品品质改良、农业病虫害的可持续控制、生态环境的改善和农业生物资源的高效利用等基础研究。有效的农业成果转化、示范和应用带动了农业结构的调整和升级,引进和孵化了大批科技型龙头企业,促进了农业劳动力的转移和农民增收。

农产品品质改良

贯彻《纲要》提出的农业科技工作的基本方针,全面启动"十五"农业科技教育发展计划,加快传统技术和高新技术的结合,加快农作物品种品质改良;加快养殖业品种改良及规模化养殖;大力加强农产品加工领域的技术创新;加强农业应用基础研究和高新技术研究;加强农业科技的国际合作与交流。

农业病虫害的可持续控制

国家"十五"科技攻关计划专题"华南稻区水稻重大病虫害可持续控制技术研究"取得了有关田间试验和示范的部分进展。通过田间抗性品种评价试验,评价出可供可持续控制技术组装应用的新品种,如齐粒丝苗、丰丝占、粤秀占等;开展高效低毒药剂筛选和防治技术研究,研制的58%稻虫杀净列入台山珍香绿色稻米(农业部认证)专用杀虫剂,可替代高毒药剂甲胺磷;开展了褐稻虱对吡虫啉和扑虱灵抗药性的初步检测;研究了不同抛秧栽培密度和不同施肥模式与病虫害发生的关系,以形成适应当前

品种资源研究所种质资源库设备齐全,技术先进,跨入世界先进水平。

优质＋低氮肥＋湿润灌溉＋放宽防治指标生产性配套技术措施控制病虫害的相关技术，为华南水稻重大病虫害可持续控制技术研究提供依据；在水稻重大病虫害可持续控制关键技术研究的基础上，提出以抗病虫优质丰产品种、控害丰产栽培和合理用药为关键措施的可持续控制技术。

农业生物资源的保护和利用

"十五"期间农业生物资源与环境调控的发展趋势，推动各单位产、学、研在"十五"规划指导下的合作与协作，加速生物环保产业的进程，提升整体技术水平，为农业可持续发展及无公害、绿色食品生产作出贡献。

3. 产业关键共性技术研究的突破，推动了产业结构的调整和升级

"十五"科技规划，推动了我国很快拥有较好的行业共性技术和关键技术的开发基础，攻克了一批产业关键共性技术，为推动产业结构调整和技术升级提供了有效的支撑。实施重大工程，带动了一批大型企业集团自主创新能力的显著提高，如三峡工程建设、青藏铁路建设、西气东输、西电东送等。通过实施制造业信息化工程专项，掌握了一批制造业信息化关键技术。

山东诸城市农业科技推广中心，拥有众多的精密仪器设备，多年来积累了众多的农作物品种和病虫害资料档案。

西电东送工程

　　我国的能源资源不仅天然气主要分布在中西部，石油、煤炭和水能等也多在中西部，东部地区原有一些煤矿和油田，经过多年开采，后备资源大多显得不足，在我国现代化建设蓬勃发展的今天，能源紧缺已成为一个突出的问题。尤其是东部地区，随着改革开放事业的不断发展，能源紧缺的矛盾日益尖锐，现已成为许多地方经济进一步发展的主要限制性因素。为了缓解能源紧缺的矛盾，除了西气东输工程外，西电东送也是一项重要举措，要比直接输送能源安全、可靠、清洁、便宜得多。因此，"十五"计划将西电东送工程作为西部大开发的重点建设项目之一。西电东送是西部大开发的标志性工程。"十五"期间，西电东送将形成北、中、南三路送电线路：北线由内蒙古、陕西等省区向华北电网输电，5年后将向京津唐地区送电270万千瓦；中线由四川、重庆等省市向华中、华东电网输电；南线由云南、贵州、广西等省区向华南输电，5年后将向广东送电1000万千瓦。西电东送这一伟大工程，不但为西部省区把资源优势转化为经济优势提供了新的历史机遇，还将改变东西部能源与经济不平衡的状况，对加快我国能源结构调整和东部地区经济发展发挥重要作用。

西电东送作为西部大开发的骨干工程，开发贵州、四川、内蒙古等西部省区的电力资源，将其输送到电力紧缺的广东、上海和京津唐地区。

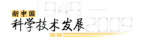
新中国科学技术发展历程（1949—2009）

三峡工程

2009年，三峡工程即将竣工，百年梦想，十年奋战，举世瞩目的三峡工程即将首次蓄水完毕，实现船闸通航和发电的目标。这是三峡工程历史性的转折，也是正式为人民服务生涯的开始，标志着这个历经百年风雨沧桑、凝聚着华夏儿女顽强不屈精神的跨世纪工程进入了收获期。三峡工程总投资预计为2039亿元人民币，水库将淹没耕地43.13万亩，最终将移民113.18万人。工程竣工后，水库正常蓄水位175米，防洪库容221.5亿立方米，总库容达393亿立方米。可充分发挥其长江中下游防洪体系中的关键性作用，使荆江河段防洪标准由现在的十年一遇提高到百年一遇，并将显著改善长江宜昌至重庆660千米的航道，万吨级船队可直达重庆港，将发挥防洪、发电、航运、养殖、旅游、保护生态、净化环境、开发性移民、南水北调、供水灌溉等十大效益，是世界上任何巨型电站无法比拟的。

三峡工程的开发，为经济发达、能源不足的华中、华东地区提供可靠、廉价的电能，将大大改善长江中下游的航运条件。另外，有利于促进水库渔业、旅游业的发展，有利于南水北调工程的实施。

经过前后十多个春秋的艰苦奋战，三峡大坝于 2006 年 5 月 20 日全线建成。图为三峡双线五级连续船闸。

西气东输工程

　　我国西部地区的塔里木、柴达木、陕甘宁和四川盆地蕴藏着26万亿立方米的天然气资源，约占全国陆上天然气资源的87%。特别是新疆塔里木盆地，天然气资源量有8万多亿立方米，占全国天然气资源总量的22%。塔里木盆地天然气的发现，使我国成为继俄罗斯、卡塔尔、沙特阿拉伯等国之后的天然气大国。2000年2月国务院第一次会议批准启动西气东输工程，这是仅次于三峡工程的又一重大投资项目，是拉开西部大开发序幕的标志性建设工程。规划中的西气东输工程，供气范围覆盖中原、华东、长江三角洲地区。西起新疆塔里木轮南油气田，向东经过库尔勒、吐鲁番、鄯善、哈密、柳园、酒泉、张掖、武威、兰州、定西、西安、洛阳、信阳、合肥、南京、常州等大中城市，终点为上海。东西横贯新疆、甘肃、宁夏、陕西、山西、河南、安徽、江苏、上海9个省市区。实施西气东输工

程，有利于促进我国能源结构和产业结构的调整，带动东、西部地区经济共同发展，改善长江三角洲及管道沿线地区人民生活质量，有效治理大气污染。这一项目的实施，为西部大开发、将西部地区的资源优势变为经济优势创造了条件，对推动和加快新疆及西部地区的经济发展具有重大的战略意义。

西气东输计划是总投资1463亿元人民币的大工程。一条1118毫米的大口径天然气管道，将从新疆的轮南油气田起步，向东贯穿9个省、市、自治区，直通南京、上海，全长4167千米，成为横贯中国的能源大动脉。

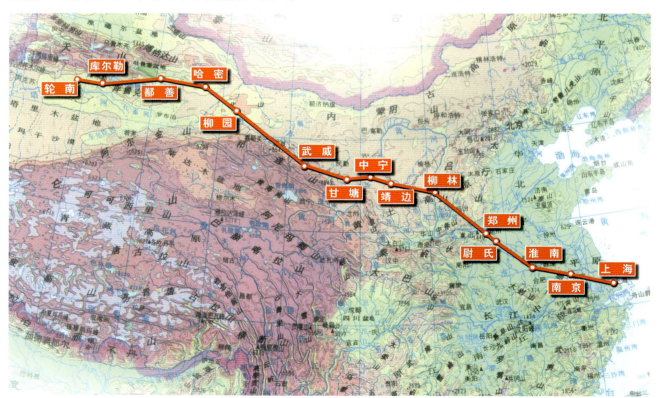

4. 紧扣社会经济发展的重大科技问题超前部署，为构建和谐社会提供支撑

"十五"科技规划，对我国不同层次的能源、资源研究与发展进行了超前部署，并取得了一定成效。如10兆瓦高温气冷实验堆完成了72小时满功率发电运行，随着洁净煤技术、水煤浆气化等技术突破和产业化，节能水平大幅提升；重大灾害形成机理、减灾重大工程等重大科学研究，为生态研究建设规划和防灾减灾提供强大技术支持；攻克了一批保证人民群众健康和社会稳定发展的关键技术和标准，如人用禽流感疫苗完成临床研究，标志我国在这一领域取得重大突破；食品安全专项抓住"把关、溯源、设限、布控"四道防线，开展食品安全标准和控制技术、关键检测等研究，已建立了我国第一个覆盖13个省市的食品污染监测网络。

人用禽流感疫苗

"人用禽流感疫苗的研制"作为我国"十五"科技攻关项目，Ⅱ期临床试验于2007年9～11月正式实施，共有402名年龄范围在18～60岁的受试者参加了本次试验，结果显示，用于临床试验的3个抗原剂量的疫苗均可诱发人体产生一定程度的抗体，其中10微克和15微克疫苗的保护性抗体阳性率、抗体阳转率和抗体几何平均滴度(GMT)增高倍数三项指标均达到国际公认的疫苗评价标准，显示疫苗对人体有很好的免疫原性。从受试者的局部和全身不良反应观察结果看，均未出现严重不良反应，表明疫苗具有良好的安全性。

人用禽流感疫苗的研制

10兆瓦高温气冷实验堆

　　清华大学建成的10兆瓦高温气冷实验堆(HTR10)是世界首座模块式球床高温气冷堆，是国家"863"计划能源领域2000年发展战略目标中的重大项目之一。高温气冷堆具有固有安全特性，温度高、用途广，是一种具有第四代核电主要技术特征的先进核能技术。高温气冷堆可以作为大型压水堆核电站的补充，共同满足国家积极发展核电的战略需求。这种球床型高温气冷堆以氦气作冷却剂、石墨做慢化剂和结构材料，可经受的高温范围达700~1000℃，利用高温气冷堆出口温度高的特点，提供高温工艺热，满足石油热采、炼钢、化学工业、煤的气化液化等方面的对高温工艺热的需求。大规模制氢可替代进口液体燃料，是核能利用的新领域，也是国际上开发先进核能技术尤其是高温气冷堆的主要目的之一。

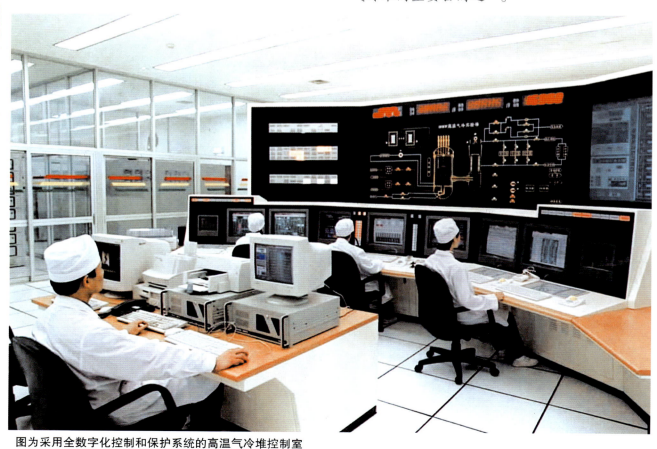

图为采用全数字化控制和保护系统的高温气冷堆控制室

新中国科学技术发展历程（1949—2009）

大天区面积多目标光纤光谱天文望远镜

我国国家天文台大天区面积多目标光纤光谱天文望远镜（LAMOST），是我国自主创新的，在技术上非常有挑战性的大型光学望远镜，是一架横卧南北方向的中星仪式反射施密特望远镜。应用主动光学技术控制反射改正板，使它成为大口径兼大视场光学望远镜的世界之最。这架耗资2.35亿元、貌似导弹发射架的超级望远镜，口径达4米，在曝光1.5小时内可以观测到暗达20.5级的天体。由于它视场达5度，在焦面上可放置4000根光纤，将遥远天体的光分别传输到多台光谱仪中，同时获得它们的光谱，成为世界上光谱获取率最高的望远镜。它安放在国家天文台兴隆观测站，成为我国在大规模光学光谱观测中，在大视场天文学研究上，居于国际领先地位的大科学装置。LAMOST工程分为七个子系统：光学系统，主动光学和支撑系统，机架和跟踪装置，望远镜控制系统，焦面仪器，圆顶，数据处理和计算机集成。该望远镜的建成将作为国家设备向全国天文界开放，并积极开展国际合作。

上图：密云站的米波综合孔径射电天文望远镜由28面9米口径天线组成。射电米波综合孔径的建立，使中国射电米波波段的观测进入了国际先进行列，在国际上首先发现了毫秒级太阳微波快速爆发现象。

下图：2009年6月4日，中国科学院国家天文台兴隆观测基地的大天区面积多目标光纤光谱天文望远镜通过国家验收。

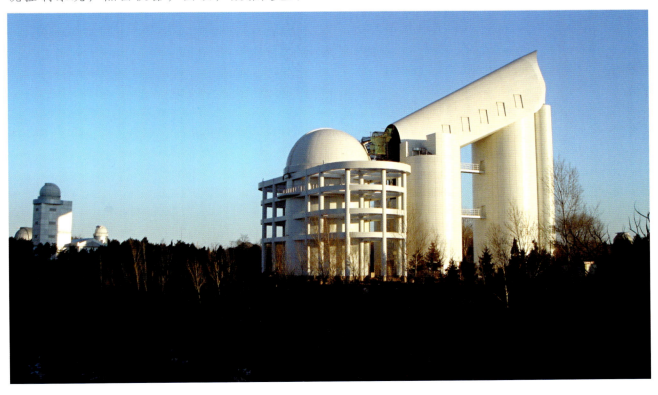

高速磁悬浮交通技术研究

中国早在20世纪70年代开始进行磁悬浮交通技术的应用研究。2005年9月29日，备受各界关注的国家"863"计划高新技术项目——CM1"海豚"高速磁悬浮车辆组件在成飞公司正式开铆生产。高速磁悬浮交通技术是国家"十一五"期间被列为国家科技支撑计划交通运输领域的重大项目之一，其主要内容包括：研究开发时速500千米高速磁悬浮车辆、悬浮导向控制技术、牵引控制技术、运行控制技术和系统集成技术等全套技术、设备和部件，建立高速磁悬浮交通系统规划、设计技术和标准体系，建设一条30千米高速磁悬浮列车中试线，完成具有自主知识产权的定型化工业试验。

由西南交通大学研制而成的中国首条磁悬浮列车实验线，全长43米，运行时列车可悬浮于导轨8毫米左右，时速30千米。它的建成将有利于中国进一步加强超导技术和磁悬浮列车的研究。

神舟五号载人飞船发射成功

探索太空,遨游宇宙,是中华民族的千年梦想。2003年10月15日，神舟五号载人飞船发射成功。作为中国首位访问太空的航天员，在太空中围绕地球飞行14圈后，杨利伟安全返回地球。神舟五号飞船顺利返回,标志我国成为继美国、苏联后,第三个完成载人飞船航天飞行的国家,同时也向世界宣示了中国人有能力攀登世界科技高峰,有能力把我们的国家建设得繁荣昌盛。

神舟五号载人飞船发射成功。图为杨利伟准备出征。

时任中国医学科学院首都医院妇产科主任的林巧稚教授，献身医学事业，有着丰富的临床经验，对妇产科疾病的诊断和处理有高超的本领和独到的见解。

对人口与计划生育进行法制宣传，提高人口与计划生育工作的管理服务水平，促进人口与经济社会协调发展将产生重大而深远的影响。

3 立足科学发展观 坚持可持续发展战略

1996年3月第八届全国人民代表大会第四次会议批准的《国民经济和社会发展"九五"计划和2010年远景目标纲要》，把可持续发展作为重要的指导方针和战略目标，并明确做出了中国今后在经济和社会发展中实施可持续发展战略的重大决策。"十五"计划还具体提出了可持续发展各领域的阶段目标，并专门编制和组织实施了生态建设和环境保护重点专项规划，社会和经济的其他领域也都全面地体现了可持续发展战略的要求。

在执行《"十五"科技发展规划》过程中，我国科技人员努力探求可持续发展的核心问题，辟出高新技术企业发展新途径，寻求提高质量和社会效益的新动力，推动和促进高新技术的产业化、规模化、国际化，从而开创了我国经济可持续发展的新纪元，同时也为中国与世界更加广泛的交流与合作，提供更大的机遇与空间。

人口、卫生与社会保障体系逐步完善

中国政府坚持计划生育的基本国策,人口自然增长率由1992年的11.60‰,下降到2000年的6.95‰。城乡居民收入持续增长,居民受教育程度和健康水平显著提高,医疗卫生服务体系不断健全。妇女与儿童事业取得明显进步,养老保险与医疗保障制度逐步完善。

社会保障水平体现一个国家的文明程度和现代化水平,反映一个社会的公平正义程度,同时也是一个国家的"稳定器"和"安全阀"。我国的社会保障体系主要由养老保险、医疗保险、失业保险等构成。每一类保险都与百姓生活息息相关。近年来,我国也加大了社会保障的力度,党中央先后提出,到2020年建立基本覆盖城乡的社会保障体系以及"五有"的民生理念,将社保列为全面建设小康社会的目标之一。

在居民院或村民的炕头上,经常有计划生育人员讲解人口理论、节育避孕、优生优育等人口科学知识。图为友谊乡村民委员会计划生育员王艳华给育龄妇女讲解节育知识,这样系统化的教育每月一次。

城镇化与人居环境质量提高

从1992—2000年,城镇化水平由27.6%提高到36.1%。通过加快城市基础设施建设,开展城市环境综合整治,城乡居民的居住质量不断提高。

区域协调发展,地区差异缩小

国家实施了"八七"扶贫攻坚计划,贫困人口数量从1992年的8000万减少到2000年的3000万。20世纪90年代以来,中国政府实施了区域经济协调发展的政策和西部大开发战略,使地区差异扩大的趋势有所缓解,地区产业结构得到调整。

农业与农村协调发展

经过多年的努力,我国的粮食和其他农产品产量大幅度增长,由长期短缺到总量大体平衡、丰年有余,解决了我国人民的吃饭问题。政府大力提倡发展生态农业和节水农业,探索适合中国农村经济和农业生态环境协调发展的模式。

工业实施了可持续发展

积极转变工业污染防治战略,大力推行清洁生产,提高资源利用效率,减轻环境压力。加强了工业环境保护的执法力度,实行限期达标排放措施,强制淘汰技术落后和污染严重的生产装置。到2000年底,有污染的工业企业中90%实现了达标排放,工业废水排放量比1995年减少了1/3。积极利用高新技术提升传统产业,调整优化工业结构和产品结构,发展高新技术和新兴产业。1995—2000年,中国环保产业年均增长率达15%。

积极开发再生能源和新能源

重视节约能源,制定和实施了一系列节约能源的法规和技术经济政策,万元国内生产总值能耗由1990年的5.32吨标准煤降到2000年的2.77吨标准煤(1990年价格水平)。积极调整能源结构,煤炭消费量在一次能源消费总量中所占比重由1990年的76.2%降到2000年的68%。推广洁净煤、煤炭清洁利用和综合利用技术,实施了清洁能源和清洁汽车行动计划。积极开发利用可再生能源和新能源。

积极合理地开发水资源

积极合理地开发水资源,对河流实行统一管理和调度,建立健全水资源可持续利用与水污染控制的综合管理体制。全面推行节水灌溉,发展节水型产业,缓解水资源短缺的矛盾。开展了淮河、海河、辽河、太湖、滇池、巢湖等重点流域的水污染防治,加快建设城市污水处理厂,使水环境恶化趋势基本得到控制。在国家扶持下,贫困地区加强了小水电和农村小型、微型水利工程建设。

落实生态环境建设与保护措施

制定了《全国生态环境建设规划》和《全国生态环境保护纲要》,并逐步纳入国民经济和社会发展计划予以实施。全国已建成了20个国家级园林城市、102个生态农业示范县和2000多个生态农业示范点。大规模开展防治沙漠化工作,确定了20个重点县、建立了9个试验区和22个试验示范基地。加快重点区域水

昆明市第二污水处理厂于1996年建成投产,处理水量稳定。在正常运行情况下,出水水质指标达到国家标准,有效地削减了进入滇池的污染物。

土流失治理，积极推广小流域综合治理经验，水土流失治理取得显著进展，全国累计新增治理水土流失面积81万平方公里。自然保护区建设规模与管理质量显著提高，大部分具有典型性的生态系统与珍稀濒危物种得到有效保护。制订和实施了中国生物多样性行动计划与中国湿地保护行动计划。实施野生动植物保护、自然保护区建设工程和濒危物种拯救工程，使一些濒危物种得到人工或自然繁育。建立了农作物品种资源保存库，加快建立遗传资源库。

落实土地资源管理与保护措施

通过划定基本农田保护区，使全国83%左右的耕地得到有效保护。建立了耕地占用补偿制度，1997—2000年，全国通过开发、整理和复垦增加耕地164万公顷，高于同期建设占用耕地数量，实现了占补平衡。推行荒山、荒地使用权制度改革，确立和完善土地管理社会监督机制。实施基本农田环境质量监测，大力推进农业化学物质污染防治技术，保护和改善农田环境质量。

落实森林资源的管理与保护措施

制定了森林资源保护的法规和林业可持续发展的行动计划。加强森林资源的培育，实现了森林面积和蓄积量双增长。实施天然林资源保护、退耕还林、京津风沙源治理、三北和长江流域防护林体系、重点地区速生丰产林建设等林业重点生态体系建设工程。实施山区林业综合开发与消除贫困行动，促进贫困山区社会经济的可持续发展。

20世纪80年代后，治理水污染逐渐成为淮河治理的重点。随后，中国颁布了江河流域污染治理的第一部法规《淮河流域水污染防治暂行条例》，对污染企业进行了污染防治改造。图为提取水样进行检测。

落实了草原资源管理与保护措施

制定了《草原法》等法规，加强了草原资源的保护与管理。编制了全国草原生态保护建设规划，全国草原围栏面积达到1500万公顷，每年新增约200万公顷。

落实了大气保护措施

划定二氧化硫和酸雨控制区，在区域内实行二氧化硫总量控制制度。通过推广洁净煤和清洁燃烧、烟气脱硫、除尘技术以及大力发展城市燃气和集中供热，使酸雨和二氧化硫污染得到控制。优先发展公共交通，减少和控制机动车污染物排放，改善城市空气质量。认真履行《关于消耗臭氧层物质的蒙特利尔议定书》，控制和淘汰消耗臭氧层物质。

加快了可持续发展信息化进程

已建成覆盖全国的公用电信网。通过实施政府上网工程，促进政府工作效率和决策水平的全面提高。加快可持续发展信息共享进程，促进了可持续发展能力的提高。

制定完善的海洋资源的管理与保护体系

制定和完善了海洋污染控制、生态保护、资源管理的法规体系。到2000年底，已建立海洋自然保护区69个，总面积13.1万平方公里。进行了近岸海域环境功能区划以及近海和大陆架的资源环境调查，使海洋环境监测网络与海洋环境信息、预报服务系统得到加强。

加强固体废物的管理

1991—2000年，工业固体废物排放量下降了69.2％，综合利用率提高了15.1％。加快城市生活垃圾收集处理设施的建设，加强危险废物的管理。认真履行《巴塞尔公约》，严格控制危险废物的越境转移。

大规模开展防治沙漠化工作。图为沙漠绿化。

新中国科学技术发展历程（1949—2009）

192

认真履行化学品无害环境管理

通过加大化工行业产业结构和产品结构的调整力度，减少了化学物质对环境的污染。加强汞、砷和铬盐等化学品无害环境管理，采取有效的安全防范措施，清除有毒化学品生产和储运中的隐患。认真履行和积极参与化学品国际公约的活动。

科学技术普及和教育逐步提高

政府大幅度增加对科技和教育的投入。围绕可持续发展的重大问题，实施了一批重大科研项目，为可持续发展提供了技术支撑。基本普及九年义务教育和基本扫除了青壮年文盲，全面推进教育改革，教育质量逐步提高。

随着海洋环境保护工作的深入开展，中国近岸海域的生态环境得到了进一步改善，海洋环境更加优美。图为海洋监察人员向海上捕鱼作业者及过往船只宣传《海洋环境保护法》。

建立完善的防灾减灾预警系统

开展防洪抗旱、防震减灾、地质灾害和生物灾害防治等综合减灾工程建设。建立和完善了全国灾害监测预警系统，提高了灾害监测和预报水平。开展了灾害保险，调动社会力量开展减灾援救活动，灾害损失明显减少。

落实地方 21 世纪议程实施计划

全国 25 个省（区、市）成立了地方 21 世纪议程领导小组并设立了办事机构，半数以上的省（区、市）制订了地方 21 世纪议程和行动计划。在16个省市开展了实施《中国21世纪议程》地方试点，还建立了100多个可持续发展实验区。各地因地制宜，积极探索可持续发展模式。

积极动员公众参与可持续发展

各级政府通过广播、电视、报纸、刊物等媒体，全面宣传可持续发展思想，提高公众的可持续发展意识。有270多所高等院校新设置了环境保护院、系、学科。全国许多中小学开展了环境教育和创建"绿色学校"活动。在广大农村组织实施了"跨世纪青年农民培训工程"和"绿色证书工程"。据不完全统计，全国正式注册的环保非政府组织已超过2000个。

在农村学校开设了清洁山村、美化环境的户外环保活动课。这是孩子们在村庄的公园里捡拾生活垃圾。

[4] 积极开展高层次国际交流活动

2002 年国际数学家大会

2002 年 8 月第 24 届国际数学家大会在北京人民大会堂隆重开幕，国家主席江泽民出席开幕式。国际数学家大会已有百余年历史，为当今最高水平的全球性数学科学学术会议。其首届大会1897年在瑞士苏黎世举行，1900年巴黎大会后每四年举行一次，除两次世界大战期间外，从未中断。本届国际数学家大会为该会历史上首次在发展中国家举办，也是进入21世纪第一次国际数学家大会，共有4000多位海内外数学家与会。本次大会是有史以来规模最大的国际数学家大会。共有来自104个国家和地区的4157位数学家出席了会议，其中我国内地数学

家1965名。大会共邀请了20位数学家作大会报告，充分体现了不同数学领域的相互渗透与联系，以及数学与其他科学更加深入的交叉。除大会报告外，大会针对公众和青少年等群体组织了一系列的论坛和活动，如3个公众报告、46个卫星会议、"走进美妙的数学花园"少年数学论坛等。如此众多的全球顶尖数学家聚集北京，给我国广大数学工作者创造了一个极好的学习机会和与国际大师交流讨论的机会，同时也为我国数学工作者向国际同行展示自己工作提供了一个很好的平台。这次大会以及相关活动对推广和普及数学、提高社会对数学的重视程度、促进我国数学在各行各业的应用、加强我国数学工作者与国际同行的学术交流、推动全球数学进入崭新的时代，都具有重大意义和深远影响。

2002 年 8 月第 24 届国际数学家大会在北京召开

第28次国际科联大会

2005年10月18~22日，第28次国际科联大会在苏州召开。国际科联是科学界最有权威的非政府性国际组织，成立于1931年，目前拥有27个国际科学联合会和将近100个国家和地区的科学团体作为其会员，被称为"科学界的联合国"。它集中了自然科学各个主要领域的代表，其学术活动基本可以代表当今世界科学发展的水平和动向。第28次国际科联大会汇聚了64个国家和地区的270多名世界一流科学家，以及参加配套活动的国内10多名院士和300多名专家学者，总计近600名中外科学家出席了这次盛会，其中包括数名诺贝尔奖获得者。开幕式由国际科联主席卢布琴科主持。国务委员陈至立代表中国政府出席开幕式并讲话。全国人大常委会副委员长、中科院院长路甬祥，中国科协主席周光召，中国科协党组书记邓楠，科技部党组成员吴忠泽，中科院副院长陈竺，国际科联中国委员会主席孙鸿烈，中国科协副主席胡启恒、韦钰，中国科协书记处书记冯长根、程东红等出席会议。江苏省委书记李源潮，省长梁保华，省委副书记任彦申，省委常委、苏州市委书记王荣，副省长张桃林，苏州市长阎立参加开幕式。梁保华代表江苏省政府致辞，向大会表示祝贺，对各位来宾表示诚挚的欢迎。作为本次大会的东道国，我国派出了周光召、路甬祥、孙鸿烈、胡启恒、韦钰等20位国内著名科学家组成的代表团出席了大会。第28次国际科联大会是一次令人难忘的国际科学盛会。

2005年10月第28次国际科联大会在苏州召开

第五章
建设创新型国家

2006年1月党中央、国务院召开全国科学技术大会，作出了建设创新型国家的重大战略决策。建设创新型国家，核心就是把增强自主创新能力作为发展科学技术的战略基点，走出中国特色自主创新道路，推动科学技术的跨越式发展；就是把增强自主创新能力作为调整产业结构、转变增长方式的中心环节，建设资源节约型、环境友好型社会，推动国民经济又快又好发展；就是把增强自主创新能力作为国家战略，贯穿到现代化建设各个方面，激发全民族创新精神，培养高水平创新人才，形成有利于自主创新的体制机制，大力推进理论创新、制度创新、科技创新，不断巩固和发展中国特色社会主义伟大事业。

2006 年 1 月 9 日，全国科学技术大会在北京人民大会堂开幕，这是新世纪召开的第一次全国科技大会。图为大会会场。

自主创新 重点跨越 支撑发展 引领未来

——《国家中长期发展纲要》的实施

2006年2月9日国务院颁布了《国家中长期科学和技术发展规划纲要（2006—2020）》（以下简称《规划纲要》）。制订国家中长期科技发展规划，是党的十六大提出的一项重大任务，是建设创新型国家的重要举措。《规划纲要》指出今后15年，科技工作的指导方针是：自主创新，重点跨越，支撑发展，引领未来。自主创新，就是从增强国家创新能力出发，加强原始创新、集成创新和引进消化吸收再创新。重点跨越，就是坚持有所为、有所不为，选择具有一定基础和优势、关系国计民生和国家安全的关键领域，集中力量、重点突破，实现跨越式发展。支撑发展，就是从现实的紧迫需求出发，着力突破重大关键、共性技术，支撑经济社会的持续协调发展。引领未来，就是着眼长远，超前部署前沿技术和基础研究，创造新的市场需求，培育新兴产业，引领未来经济社会的发展。

1 建立科技创新体系 加快科技发展进程

进入21世纪，经济全球化进程明显加快，世界新科技革命发展的势头更加迅猛，一系列新的重大科学发现和技术发明，正在以更快的速度转化为现实生产力，深刻改变着经济社会的面貌。科学技术推动经济发展、促进社会进步和维护国家安全的主导作用更加凸显，以科技创新为基础的国际竞争更加激烈。世界主要国家都把科技创新作为重要的国家战略，把科技投入作为战略性投入，把发展战略技术及产业作为实现跨越的重要突破口。从长远考虑，中国必须有一个立足于全民族的国家科技创新体系，这个体系应超越各部门各单位，应该在很大程度上将国防科技创新包括进去，这就是说，国防系统如果不和全民族的创新体系联系起来，就不能组织和调动全民族的智慧，就会妨碍国防力量的增长和强盛。

提高企业自主创新能力

党的十七大报告提出："要坚持走中国特色自主创新道路，把增强自主创新能力贯穿到现代化建设各个方面。"因此，着力提高企业自主创新能力，进一步转变经济增长方式，已经成为当前我们必须认真研究和探索的重要课题。所谓自主创新能力，是指以科学发展观为统领，从增强自身创新能力出发，以自身力量为主体，应用创新的知识和新技术、新工艺，采用新的生产方式和经营管理模式，不断推动经济结构的创新，促使经济可持续性增长的能力。

中国科学院电工研究所研制的燃煤磁流体发电用的鞍型超导磁体。

沈阳鼓风机厂运用 CIMS 技术，基本实现了工厂自动化的设计过程。

建立健全知识产权保护体系

在经济全球化的进程中，知识产权作为知识经济发展的重要保障，已成为产业核心竞争力的源泉。在知识经济时代，企业由于缺乏完善的知识产权管理体系，其核心竞争力和战略优势的提高已受到严重的影响。当前，中国已经基本形成了适应中国国情、符合国际规则、门类齐全的知识产权法律法规体系和执法保护体系。在这种执法保护体系下，我国采用了具有特色的司法保护和行政保护"两条途径、并行运作"的知识产权保护模式。其中，在司法保护中，一方面权利人可以依据商标法、著作权法、专利法、反不正当竞争法等民事法律，对侵权行为提起民事诉讼；另一方面，即知识产权的刑事保护，是既具严谨公正性又具快捷方便特点的极为重要的一个方面。

新中国科学技术发展历程（1949—2009）

2 创造自主创新环境 推动企业技术创新

2006 年 2 月 26 日，国务院发布《实施国家中长期科学和技术发展规划纲要（2006—2020 年）的若干配套政策》（以下简称《配套政策》）。《配套政策》围绕增加创新要素投入、提高创新活动效率、促进创新价值实现三个主要环节。在营造激励自主创新的环境，推动企业成为技术创新的主体，努力建设创新型国家，将实施十个方面的配套政策。这十个方面分别是科技投入、税收激励、金融支持、政府采购、引进消化吸收再创新、创造和保护知识产权、人才队伍、教育与科普、科技创新基地与平台、加强统筹协调。

2007 年 11 月 6 日，观众在参观同济大学展示的"新一代电动汽车车型平台"。在当日上海开幕的"2007 中国国际工业博览会"上，高校展区格外引人注目，参展的 50 余所高校展示了数百项科技创新和产学研合作成果。

实施创新人才培养工程

《配套政策》指出，我国将实施国家高层次创新人才培养工程，在基础研究、高技术研究、社会公益研究等若干关系国家竞争力和安全的战略科技领域，培养造就一批创新能力强的高水平学科带头人，形成具有中国特色的优秀创新人才群体和创新团队。改进和完善学术交流制度，健全同行认可机制，使中青年优秀科技人才脱颖而出；要建立有利于激励自主创新的人才评价和奖励制度；改革和完善企业分配和激励机制，支持企业吸引科技人才，允许国有高新技术企业对技术骨干和管理骨干实施期权等激励政策。

大学科技园

2006年11月，科学技术部、教育部印发了《国家大学科技园认定和管理办法》规定，主要是对大学科技园进行宏观管理和指导，并指出高校是国家大学科技园建设发展的主要依托单位。国家大学科技园是国家创新体系的重要组成部分和自主创新的重要基地，是高校实现产学研结合及社会服务功能的重要平台之一，是高新技术产业化和国家高新技术产业开发区"二次创业"以及推动区域经济发展、支撑行业技术进步的主要创新源泉之一，是中国特色高等教育体系的组成部分。大学科技园还是一流大学的重要标志之一。国家大学科技园应建立适应社会主义市场经济的管理体制和运行机制，通过多种途径完善园区基础设施建设、服务支撑体系建设、产业化技术支撑平台建设、高校学生实习和实践基地建设，为入园创业者提供全方位、高质量的服务。

天津大学科技园是科技部、教育部首批明确批准的十五家大学科技园之一，占地面积 131600 平方米，建筑面积 100982 平方米，该项目造价 3.12 亿元 。

农业科技园

农业科技园是以市场为导向、以科技为支撑的农业发展的新型模式,是农业技术组装集成的载体,是市场与农户连接的纽带,是现代农业科技的辐射源,是人才培养和技术培训的基地,对周边地区农业产业升级和农村经济发展具有示范与推动作用。园区具有一定规模,总体规划可行,主导产业明确,功能分区合理,综合效益显著;园区有较强的科技开发能力,较完善的人才培养、技术培训、技术服务与推广体系,较强的科技投入力度;园区经济效益、生态效益和社会效益显著,对周边地区有较强的引导与示范作用;园区有规范的土地、资金、人才等规章与管理制度,建有符合市场经济规律、利于引进技术和人才、不断拓宽投融资渠道的运行机制。

工业科技园

工业科技园区具备多项功能,可以吸引国内外的资金和技术,有利于产生国际间的合作,成为全球统一市场的一部分。工业和科技园区主要面对的服务对象是创业型企业、成熟型企业、投资商及中小规模商业经营者。它们的需求与住宅中的客户有较大差别,其主要诉求是营商环境,如园区氛围和成熟度,企业运作是否方便,能否生存、发展及树立良好的企业形象。绝大部分科技园区都有一批初创型企业需要"孵化器"中创业资金的支持。初创型企业的一个特点是:有科研项目并有专业人员在开发,但缺少企业经营管理人员,甚至连如何注册企业、构建有效的营运机制都没有精力顾及,这就产生了科技园区独有的客户需求市场。

农业科技园区重视经济效益,运用现代配套栽培技术,实现了高投入高产出的现代化农业模式。如今,蔬菜大棚已没有季节的交替,始终鲜花不败,绿树常青,四季飘香。这是以花卉组成的隔离栏,为蔬菜大棚增添了色彩。

蛇口工业区于 1979 年由香港招商局在深圳蛇口全资独立开发。经过 20 年的开发建设，蛇口工业区已经成为投资环境完备、服务功能齐全、生活环境优美的海滨城区。

全面落实科学发展观 保证最广大人民的根本利益

——《国家『十一五』科技发展规划》实施

进入21世纪，科技创新正成为经济与社会发展的主要驱动力量。"十一五"是我国全面落实科学发展观，把增强自主创新能力作为国家战略，加快经济方式转变，推动产业结构优化升级，为全面建设小康社会奠定基础的关键时期。国家《"十一五"科技发展规划》根据《规划纲要》确定的各项任务和要求，明确未来五年的发展思路、目标和重点，大力推进科技进步和创新，为建设新型国家奠定坚实基础。胡锦涛同志在党的十七大报告中提出，科学发展观，是立足社会主义初级阶段基本国情，总结我国发展实践，借鉴国外发展经验，适应新的发展要求提出的重大战略思想。强调认清社会主义初级阶段基本国情，不是要妄自菲薄、自甘落后，也不是要脱离实际、急于求成，而是要坚持把它作为推进改革、谋划发展的根本依据。我们必须始终保持清醒头脑，立足社会主义初级阶段这个最大的实际，科学分析，深刻把握我国发展面临的新课题新矛盾，更加自觉地走科学发展道路，奋力开拓中国特色社会主义更为广阔的发展前景。

1 落实科学发展观 引领高新技术可持续发展

科学发展观核心是以人为本，体现了马克思主义历史唯物论的基本原理，体现了我们党全心全意为人民服务的根本宗旨和我们推动经济社会发展的根本目的。深刻理解以人为本，才能深刻理解和全面把握科学发展观，切实把科学发展观贯彻落实到经济社会发展各个方面，抓住机遇，推动经济社会又快又好发展，实现"十一五"规划的宏伟目标，进而为全面建设小康社会奠定坚实基础，切实把科学发展观贯穿于经济社会发展的全过程、落实到经济社会发展的各个环节，切实把经济社会发展转入以人为本、全面协调可持续发展的轨道。另外，充分认识社会主义现代化建设的长期性和艰巨性，做好长期艰苦奋斗的思想准备，老老实实艰苦创业，踏踏实实艰苦奋斗。使贯彻落实科学发展观的过程成为不断为民造福的过程，成为不断提高人民生活水平的过程，成为不断提高人民思想道德素质、科学文化素质的过程，成为不断保障人民经济、政治、文化、社会权益的过程，在推动经济不断发展的基础上，促进社会全面进步和人的全面发展。

艾滋病和病毒性肝炎等重大传染病防治

重点突破新型疫苗与治疗药物创制等关键技术，自主研制40种高效特异性诊断试剂、15种疫苗及药物，研究制定科学规范的中、西医及其结合的防治方案，建立10个与发达国家水平相当的防治技术平台，初步构建有效防控艾滋病、肝炎的技术体系。

艾滋病是当今世界威胁人类生存和社会发展的最严重问题之一。向艾滋病宣战，这是人类与疾病的斗争史上最艰苦卓绝的篇章，艾滋病防治工作刻不容缓。

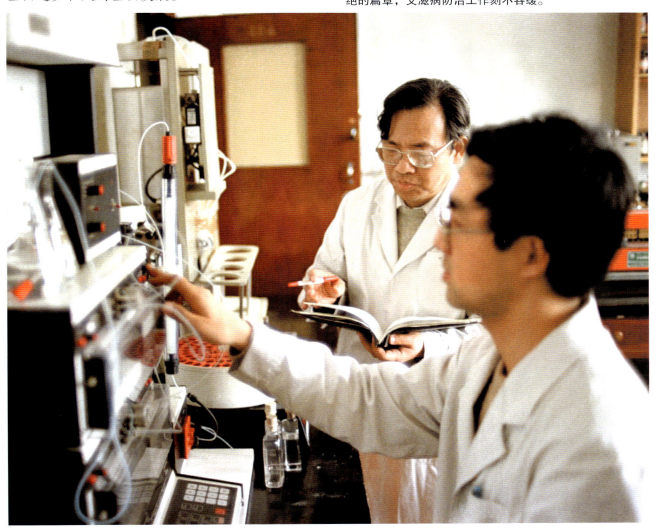

转基因生物新品种培育

在《规划纲要》确定的 16 个科技重大专项中，"转基因生物新品种培育"便是其中之一。转基因育种是特指通过基因工程手段，按照预先的设计对生物体的特定基因进行改造和转移，现已成为新品种培育的重要途径。转基因生物新品种培育科技重大专项获得国务院通过，预示转基因农畜产品、食品、医药、转基因检测技术等各个领域将迅速发展。在耕地日益紧张，粮食安全问题日益凸显的情况下，发展转基因技术显得尤为重要。

（1）大豆转基因技术。随着科学技术的发展，转基因技术已逐渐成熟，逐步应用到各个领域，尤其是动物、植物、食品领域。转基因技术的应用，帮助了人们创造更多的物质财富。我国大豆研究所的专家通过对大豆优良种质资源的拓宽、改良和应用，实现了大豆转基因技术、外源DNA导入技术、远缘或属间的杂交，使大豆杂交优势利用取得突破性进展，让世界看到了杂交大豆走向田野的曙光。

（2）农大108——优质、高产玉米新品种。许启凤研究选育的农大108为国家"十一五"计划推广项目，获国家科技进步奖一等奖。该项目在遗传基础拓宽、外来种质导入、育种方法改进、自交系的选育和杂交种的选配方面都有创新突破，技术成果转化快，社会效益巨大，总体达到国际先进水平。其中热带种质利用比例和单位基因O^2和多基因QPM导入方面达到国际领先水平。

重大新药创制

重大新药创制专项将重点针对重大疾病的防治，研制一批具有自主知识产权的创新药物，重点研究化学药和生物药新靶标识别和确证、新药设计以及药物大规模高效筛选、药效与安全性评价、制备和成药性预测关键技术，开发疗效可靠、质量稳定的中药新药，研制30～40个具有知识产权和市场竞争力的新药，完善新药创制与中药现代化技术平台，初步形成支撑我国药业发展的新药创制技术体系。

上图：农大108学科带头人许启凤
下图：优质、高产玉米新品种——农大108

上海第四制药厂

大型油气田及煤层气开发

重点研究西部复杂地质条件下油气、煤层气和深海油气资源的高精度地震勘探和开采技术，提高成套技术与装备的自主设计和制造能力，使石油和天然气资源探明率分别提高10%和20%，石油采收率提高到40%~45%。

大型先进压水堆及高温气冷堆核电站

依托国家重点工程建设，加强引进技术消化吸收再创新与自主研究开发的有机结合。突破第三代先进压水堆核电关键技术，完成标准设计，并开始建造首台商用示范机组；完成高温气冷堆核电厂关键技术攻关，建设具有自主知识产权的20万千瓦级高温气冷堆核电厂。

水体污染的控制与治理

水体污染的控制与治理。选择不同类典型流域，开展流域水生态功能区划，研究流域水污染控制、湖泊富营养化防治和水环境生态修复关键技术，突破饮用水源保护和饮用水深度处理及输送技术，开发安全饮用水保障集成技术和水质水量优化调配技术，建立适合国情的水体污染监测、控制与水环境质量改善技术体系。水体污染控制与治理重大专项将重点围绕"三河、三湖、一江、一库"，集中攻克一批节能减排迫切需要解决的水污染防治关键技术，为实现节能减排目标和改善重点流域水环境质量提供有力支撑。

中国石油天然气股份有限公司的业务，分为勘探与生产、炼油与销售、化工与销售、天然气与管道。图为快速发展的油气管网。管道输送油气，可由产地或加工地直接通到码头。

上图：武汉生物制品研究所是国家医学微生物学、免疫学、细胞工程、基因工程的主要研究机构和生产人用生物制品的大型高新技术企业。图为研究所的乙肝疫苗生产车间。

下图：在滇池污染的治理中，草海底泥疏浚工程（一期）已提前竣工，超额完成，是至今中国湖泊治理中最大的一次。

[2] 瞄准战略目标　立足国家经济和社会紧迫需要

　　我国未来经济和社会发展必须走一条新的道路，这就是节约资源、保护环境的发展道路，以信息化带动工业化、工业化促进信息化的新型工业化道路，城乡统筹发展的农业现代化和城镇化道路，即以科技创新为主导，带动和支撑经济社会全面、协调、可持续发展的道路。这是全面落实科学发展观的关键所在。中长期科技发展规划战略研究，要与国民经济和社会发展"十一五"规划的制定紧密结合，一边研究，一边将有价值的阶段成果应用到经济社会发展规划中去。

远望号航天测量船

核心电子器件、高端通用芯片及基础软件产品

重点研究开发微波毫米波器件、高端通用芯片、操作系统、数据库管理系统和中间件为核心的基础软件产品,提高计算机和网络应用、国家安全等领域整机系统产品和基础软件产品的自主知识产权拥有量和自主品牌的市场占有率。

超大规模集成电路制造装备及成套工艺

重点实现90纳米制造装备产品化,若干关键技术和元部件国产化;研究开发出65纳米制造装备样机;突破45纳米以下若干关键技术,攻克若干项极大规模集成电路制造核心技术、共性技术,初步建立我国集成电路制造产业创新体系。

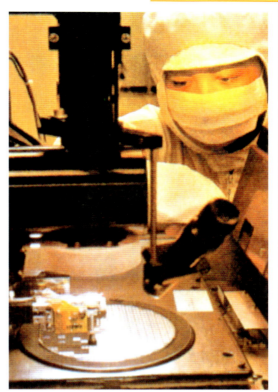

核心电子器件、高端通用芯片及基础软件产品

吉林省长春市已初步建成中国的液晶科研生产基地,并成为一座新崛起的"液晶城"。开发中心的科研人员在利用化学气相外延系统进行非晶硅薄膜生产。

雪域天路——青藏铁路通车

青藏铁路东起西宁市，南至拉萨市，全长 1956 千米。其中格尔木至拉萨段全长 1142 千米，于 2001 年 6 月 29 日开工，是世界上海拔最高、穿越冻土里程最长的高原铁路。铁路沿途经过海拔 4000 米以上的地段有 960 千米，最高点为海拔 5072 米，穿越多年冻土里程 550 多千米。

青藏铁路修建以人为本，人与自然得到和谐共存。铁路建设沿线设立多层次的医疗、救护站，施工人员得到及时的救治，因而没有一名施工人员因高原病死亡。青藏铁路建设尽力保护高原上的一草一木，努力减少对野生动物、冻土的影响，对冻土采取了多种保护措施，对藏羚羊等野生动物专门设立了迁徙通道。铁路直接用于环保的投资超过 11 亿多元，这在中国铁路工程史上还是首次。

青藏铁路圆了中国人的百年梦想，集中展现了改革开放以来中国科学技术、工程技术的快速发展成果。青藏铁路是民族团结的象征，架起了高原边疆各族人民与内地之间的幸福与友谊的金桥。青藏铁路在雪域高原的穿越也让"中国最后一个省区告别了没有铁路的历史"。

青藏铁路犹如一条神奇的天路，而修建它时所遇到的三大难题即多年冻土、生态脆弱与高寒缺氧，也使这条铁路的诞生具有重大的科技意义。

上图：2004年6月22日，西藏自治区境内第一段铁路轨排在安多火车站铺下，铁轨将从这里向拉萨延伸。

下图：青藏铁路格尔木至拉萨段通车，标志着世界上海拔最高的青藏铁路全线贯通。这条"天路"对促进青海、西藏两省区经济和社会发展具有重要意义。

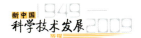

大型飞机

　　为实施《规划纲要》确定的重大科技专项，国务院组织专家经过6个月的工作，制订出《大型飞机方案论证报告》。大型飞机是指起飞总重超过100吨的大型各类用途的军用及民用航空运载类飞机。长期以来，造中国自己的大飞机一直是中国航空人的梦想。近年来，随着我国经济的持续增长、国力的增强以及中国航空工业技术能力的不断增强，圆中国航空人造大飞机之梦将不再遥不可及。我国研制大型飞机是以当代大型飞机关键技术需求为牵引，开展关键技术预研和论证，以国产大型飞机的系统集成、动力系统和试验系统的设计、开发和制造为重点，突破核心关键技术，为研制大型客机做好技术储备。

2009年6月6日，一架ARJ-21新支线飞机在上海飞机制造有限公司总装。这将为我国设计制造大飞机，提供全面的技术支持。

高档数控机床与基础制造装备

2009年3月，科技部发布了关于组织申报"高档数控机床与基础制造装备"科技重大专项2009年度第一批课题的通知。根据对高档数控机床与基础制造装备重大专项瞄准的四大领域用户的调研，该重大专项实施方案提出的重点任务，包括主机重点开发18种高速精密复合数控金切机床、7种重型数控金切机床、4种数控特种加工机床、11种大型数控成形冲压设备，基本涵盖了四大行业未来10~15年发展高档数控机床的品种需求，是四大领域急需的数控设备，这些产品属于难以从国外进口或者国外不向我国出口的产品。重点任务所列项目能够基本满足四大领域发展需求。重点研究2~3种大型、高精度数控母机；开发航空、航天、船舶、汽车、能源设备等行业需要的关键高精密数控机床与基础装备；突破一批数控机床基础技术和关键共性技术，建立数控装备研发平台和人才培养基地，促进中高档数控机床发展。

数控机床是装备制造的基础。我国随着行业自身的发展，一大批龙头企业通过自主创新，在产品的核心技术方面取得重大突破，一些数控系统产品安上了"中国芯"。这是第十届中国国际机床展览会上展出的由中国大连机床集团制造的BK50龙门式五轴五联动加工中心。

"863"计划项目，抓住以智能网、高性能计算机等技术支持国产机的升级换代。目前，科研人员已基本掌握ATM的关键技术，部分设备投入使用，使我国的ATM交换机实现建立在自主知识产权上。

坐落在数码港写字楼大楼最底层的网络控制中心，是数码港的心脏地带，工作人员必须接受指纹和瞳孔两道监测系统才能够进入这里。

新一代宽带无线移动通信网

　　2008年初，国务院常务会议首次审议并通过了包括新一代宽带无线移动通信网在内的国家重大专项实施方案。此次，新一代宽带无线移动通信再一次成为11项加快实施的科技重大专项之一。研制具有海量通信能力的新一代宽带蜂窝移动通信系统、低成本广泛覆盖的宽带无线通信接入系统、短距离无线互联系统与传感器网络，掌握关键技术，显著提高我国在国际主流技术标准所涉及的知识产权占有比例，加大科技成果的商业应用，形成超过1000亿元的产值。新一代宽带无线移动通信代表了信息技术的主要发展方向，实施这一专项将大大提升我国无线移动通信的综合竞争实力和创新能力，推动我国移动通信技术和产业向世界先进水平跨越。

高速铁路

　　"十一五"期间，中国将完成时速在 300 千米以上的客运专线大约 5457 千米。1997 年以来，中国铁路连续进行五次大面积提速，取得了显著成绩。2007 年 4 月 18 日将实施的第六次大提速，时速不低于 160 千米线路延展长度可达到近万千米，京沪、京广、京九和陇海线部分区段，京哈、胶济、浙赣、武九、广深等延展长度约 6000 千米的线路实现时速 200 千米到 250 千米的运行目标。2009 年 4 月 8 日,承担京沪高速铁路土建工程二标段施工任务的中铁一局集团，在德禹大桥、禹济大桥和黄河大桥架梁施工中，再创日架整孔箱梁 20 孔新高，一举刷新了由他们自己日前创造的架整孔箱梁 16 孔的高产成绩。

　　2009 年 4 月 8 日，中铁一局集团已顺利完成京沪高速铁路整孔箱梁架设 473 孔，为京沪高速铁路早日通车奠定了坚实的基础。

2008 年 7 月 22～24 日，京津城际高速列车进行为期 3 天的满载试运行，模拟高速列车开通后的运营状态。图为志愿者在新北京南站与高速列车"和谐号"合影留念。

首钢新址一期竣工

2007年3月12日，新首钢建设项目正式开工建设，并在首钢"老家"北京和 "新家"河北唐山曹妃甸举行了盛大的开工典礼。新首钢为国家"十一五"重点项目，此项目的的开工建设是为了实现奥运的蓝天计划。首钢新址位于渤海边上一个叫曹妃甸的小岛。根据国家发改委批复中的明确要求，新建的曹妃甸钢铁联合企业必须按照循环经济的理念，成为基本实现污染及固体废弃物零排放，余能充分利用，吨钢能耗、水耗等技术经济指标达到国际先进水平，能向社会提供高附加值钢材，实现能源转化，且消纳社会大宗废弃物的生态型现代化钢铁厂。

创建世界一流精品的奥运工程

北京奥运工程自2003年底陆续开工，在2008年北京奥运会上，成为全世界瞩目的焦点。鸟巢、水立方等一批奥运工程成为北京新的标志性建筑。在奥运工程建设中创造出来的大批先进技术、工艺和工法以及在建筑节能环保、质量安全管理、招投标管理、建材管理、劳务管理、造价管理等方面创新的管理办法，为提高我国工程建设管理水平提供了宝贵的经验。

落户河北曹妃甸的首钢新厂——首钢京唐钢铁厂一期一步工程已经完工，已形成485万吨钢生产能力，即将投产。目前，工人们正在加紧设备的调试及尾工尾项的处理，以确保投产目标的实现。

上图：2008 奥运工程建筑国家游泳中心——水立方正在进行膜结构安装
下图：第 29 届夏季奥运会主会场——鸟巢

北京正负电子对撞机成功完成升级改造

　　2004年，北京正负电子对撞机圆满完成了预定的科学使命。为了适应世界高能物理的发展，继续保持北京正负电子对撞机在科学上的竞争力，经国家批准，中国科学院高能所决定对北京正负电子对撞机进行重大改造。中国"十五"期间重大科学工程、总投资6.4亿元人民币的北京正负电子对撞机重大改造工程(简称BEPC Ⅱ)，2009年7月17日下午在中国科学院高能物理研究所通过国家竣工验收。竣工验收后，BEPC Ⅱ将投入高能物理实验运行。北京正负电子对撞机等大型科研装备的升级改造，成为学习和引进国外先进科学技术的重要"窗口"，为开展更广泛的国际合作，提供更多的机会和条件，也大大拓宽了中国的国际合作的渠道和形式。在粒子物理方面，高能所早已采取

国际通行的合作方式，吸引国外研究机构参予，并分担部分经费，在不增加国内投资的情况下，提高设备的性能，增强竞争力，不断吸引国外的先进技术和科学思想，得到更多高水平的科研结果，从而巩固中国在世界科技竞争中的地位。

狭窄隧道中的储存环双环——BEPC储存环隧道是按照单储存环设计的，工程人员为了节省经费并充分利用原有的设备，经过精心设计，在狭窄的隧道内安装了两个储存环，并保留了已有的同步辐射实验光束线前端区。

上图：电子直线加速器全景——改造后，总长202米的直线加速器正电子流强提高10倍，并具有优良的束流品质，作为BEPC Ⅱ的注入器，正电子向储存环的注入速率提高数十倍。

下图：BES Ⅲ 安装就位——科研人员采用先进的探测器材料、汇集了国内外高能物理实验探测器的制造技术和工艺，设计和制造了中国高能物理实验第三代探测器——BES Ⅲ，总长11米、宽6.5米、高9米，总重约800吨，就位精度达2毫米。

兰州 HIRFL-CSR 通过了国家验收

2008 年 7 月 30 日，中国科学院近代物理研究所承建的国家重大科学工程——兰州重离子加速器冷却储存环(HIRFL-CSR)通过了国家验收。该工程全面优质地完成了建设任务，实现了验收指标，其中主环加速碳、氙束流的能量和流强超过了设计指标，使我国大型重离子加速器冷却储存环达到了国际先进水平。这是我国高科技领域取得的又一重大成果。HIRFL-CSR 是一个集加速、累积、冷却、储存、内靶实验及高灵敏、高分辨测量等当代加速器先进技术于一体的多功能、高科技实验装置，具备超高真空的束流管道总面积约 600 平方米，磁铁总重量约 1500 吨，磁铁电源近 300 台。该装置以原有的 HIRFL 系统作为注入器，采用多圈注入、剥离注入和电子冷却相结合的方法，将束流在 CSRm 里累积到高流强并加速，然后快引出打初级靶产生放射性次级束，或者剥离成高离化态束流，注入 CSRe 做内靶实验或进行高精度质量测量。

上图：主注入速器
下图：主加速器——大型分离扇回旋加速器

3 基础科学研究发展不断揭示宇宙的奥秘

回眸20世纪，空间科学技术从来没有像今天这样深刻地影响和改变着人类生活的方方面面。自20世纪50年代末空间技术诞生以来，一门独特的综合性学科——空间科学也伴随着人类空间活动的发展应运而生。人类开始利用新兴的航天器去探索太空的自然现象及其规律，揭示了宇宙的一个又一个奥秘。空间科学的研究为人类了解宇宙空间、开发应用技术提供了理论基础，并牵引和带动了高新技术的发展。随着空间科学与应用研究成果的推广，空间科学已成为经济和社会发展的重要推动力之一。

空间科学领域主要包括空间天文和太阳物理、空间物理和太阳系探测、微重力科学和空间生命科学等领域。中国在未来5年内空间科学发展目标如下。

空间天文和太阳物理领域

通过对太阳和黑洞的观测研究，增加对恒星演化及宇宙演化过程的了解。利用地外空间不受地球大气吸收和干扰的优越观测条件，开展对各种尺度和层次天体的多波段空间天文观测研究。未来5年间，中国将通过自主研制发射天文卫星，在天文观测的某些方面达到世界先进水平。

（1）开展太阳和黑洞的研究。太阳几乎永不衰减地发出强大的光和热，使地球上的生物和人类得以生存。人类从诞生以来，就对太阳抱有敬畏和崇拜的复杂态度，对太阳的认识和探索一直伴随着人类进化的历史。不过人类对太阳的认识依然存在许多谜团，我国科学家将致力于太阳的深入研究。黑洞是宇宙中最神秘的天体之一，曾经一度控制宇宙，吸入宇宙尘埃、星体并发射出大量穿越太空至今已运行若干亿年的X射线。科学家目前已得到越来越多的证据，证明黑洞形成在宇宙早期，而且已经找到为数不少的这样的黑洞。科学家目前正在寻求如何测量已被发现的这些黑洞的具体"年龄"以及改进测量法的稳固性，以便对它们具体的大小做出精确的判断。

（2）发射天文卫星。中国自主研制的第一颗专用空间天文卫星——硬X射线调整望远镜（HXMT），已列入国家"十一五"空间科学发展规划，预计2010年左右发射运行。

宇宙中的黑洞

太阳是个发光发热的球体

日地空间物理领域

通过研究太阳活动—行星际空间扰动—地球空间暴的链锁变化过程，理解日地空间的天气的发生和发展，力争在日地空间链锁变化过程的整体行为探测上取得重大进展，建立起符合实际的空间天气预报模式，为建立保障航天、通信和国家安全的空间天气保障体系提供科学基础。

（1）"双星"计划。1997年，中国空间物理学家刘振兴院士等人提出了地球空间双星探测计划（简称"双星"计划）。2001年7月，中国航天局与欧洲空间局正式签署合作协议，启动该计划。这是第一个由我国提出的空间探测国际合作计划。该计划包括两颗小卫星，它们将分别运行于目前国际上地球空间探测卫星尚未覆盖的两个磁层重要活动区，即近地赤道活动区和近地极区活动区，这两颗卫星将利用高分辨率的仪器在近地空间的主要活动区探测场和粒子的时空变化，研究磁层亚暴、磁暴和磁层粒子暴的触发机制及磁层空间暴对太阳活动和行星际扰动的响应过程，它们与欧空局的四颗卫星配合，将形成人类历史上第一次对地球空间的六点立体探测。

中国"双星"探测一号卫星(赤道星)于北京时间2003年12月30日凌晨发射升空。2004年7月25日，中国"双星"计划的第二颗卫星——探测二号，在太原卫星发射中心由长征二号丙改进型运载火箭发射升空。

（2）夸父项目。夸父计划是由北京大学牵头、国家自然科学基金委支持的重点项目,并有国内外有关科技专家大力支持和参与。夸父计划的名称取自于中国古代神话故事夸父逐日。该计划将由一颗位于L1点的卫星夸父A和两颗

探测一号卫星

沿地球极轨共轭飞行的卫星夸父B1、夸父B2组成综合观测系统，用于监测太阳活动导致的日地空间环境链锁变化的全过程。

中国首个火星探测器待发

根据中俄两国协议,双方确定于2009年对火星及其卫星火卫一进行联合探测,中方卫星将由我国设计、生产。这是继载人航天工程、探月工程之后，我国首个火星探测器萤火一号将于2009年下半年搭载俄罗斯火箭发射升空,并与同行的俄罗斯火星探测器联合探测火星和火星卫星。萤火一号预计历经约10个月、3.8亿千米的行程,于2010年抵达火星轨道并围绕火星探测。萤火一号携带的行李中有几件重型武器:光学成像仪,将对火星和火卫1进行摄影;磁通门磁强计,用来测量火星上空的磁场强度、太阳辐射强度和高能粒子等;离子探测包,用于探测火星周围的等离子态。据悉,此次萤火一号的主要任务是拍照和探测火星附近空间环境,为我国下一步的火星探测打基础。萤火一号的一个重要任务是探测研究火星表面水的消失机制,继而探寻火星上到底有没有生命。

2009年5月21日，两名参观者正在好奇地查看火星探测器模型。

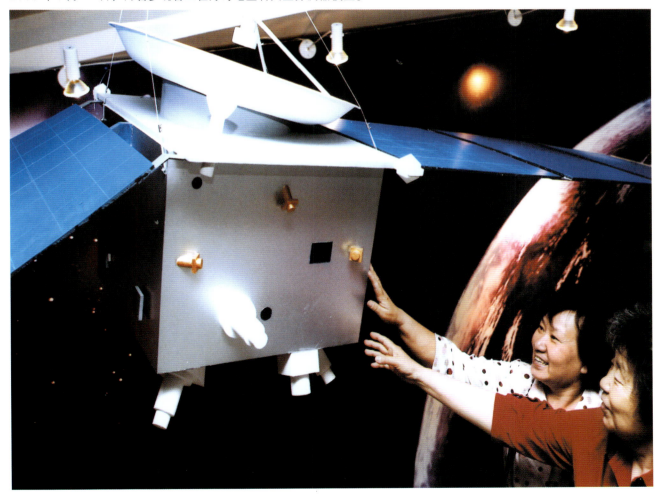

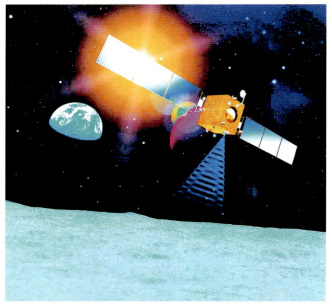

嫦娥一号卫星实现了四大科学目标，确定了获取月球表面三维影像、分析月球表面元素含量和物质类型的分布特点、摸清月壤特性、探测地球和月球之间的空间环境。

新中国科学技术发展历程（1949—2009）

嫦娥一号卫星拍摄的月球表面成像图

太阳系探测和研究领域

开展月球资源分布规律及月球资源利用的研究；通过地球与其他行星的比较研究，从不同角度认识地球空间环境和地球内部各圈层的形成和演化规律，为保障人类在地球上持续生存和发展提供科学依据和对策；进行类地行星科学，特别是地—月系科学研究。未来5年间，中国将在环月探测的基础上，积极进行月球探测和以火星为主线的深空探测规划，并积极参与相关的国际合作。

（1）探测月球资源。月球资源十分丰富，是人类社会开发利用的巨大资源储备，这也是吸引各国实施月球计划的重要原因。中国的嫦娥一号第一次深入地探测月球资源。中国今后还将对世界探月史作出独特贡献。

（2）认识地球空间环境和演化规律。进入空间时代以后，人类除了对与自身紧密相关的一些自然现象进行卫星观测外，还对探知更遥远的未知世界投入了极大的热情。日—地—月空间环境是人类生存发展的重要活动场所，在这一空间区域，由于宇宙射线、太阳耀斑和日冕物质抛射等的剧烈活动，巨大能量和物质的突然释放，常常给地球磁层、电离层和中高层大气、月表环境、卫星运行与安全以及人类健康带来严重影响和危害。人类认识探究空间环境将对更好地认识自然界、推动其他学科的快速发展作出更大的贡献。在天基空间环境探测研究领域，中国拥有从探测、研究、预报，到应用等的完整价值链，承担了我国绝大多数卫星、飞船的空间环境探测任务。

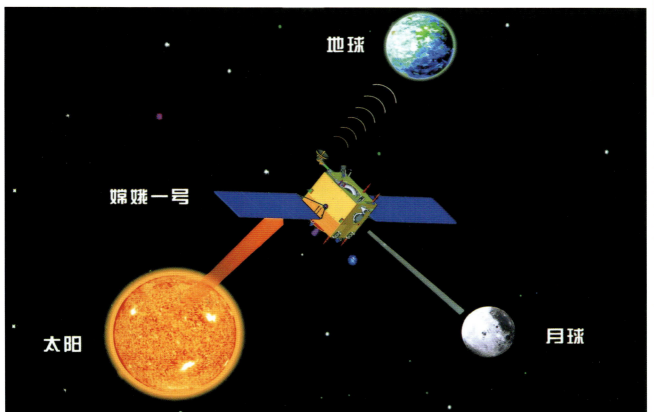

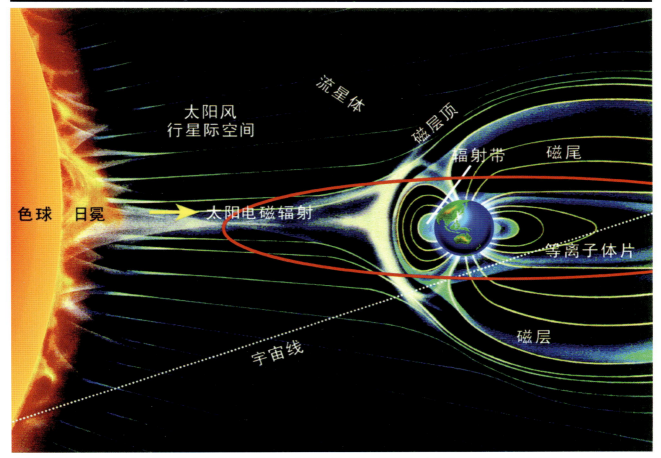

上图：嫦娥一号卫星攻破了三位定向难关，即保证太阳帆板对日、探测仪对月球、通信系统对地球。

下图：日—地—月空间环境示意图

微重力科学领域

　　微重力科学就是研究微小重力环境中物质运动规律的科学，自然界许多宏观运动过程在地面环境中不可避免地要受到重力的作用，因此在微重力环境中将更有利于研究那些在地面被重力掩盖的过程以及由于重力的耦合作用而不易研究清楚的问题。为了适应我国空间事业的发展，由863-2专家委员会和中国科学院共同投资建立了中国科学院国家微重力实验室，这是国家高科技发展的一个重大举措。"十一五"期间，微重力科学领域将紧密结合国家科技战略目标和载人航天的关键问题，促进生物工程、新材料等高技术的发展以及引力理论、生命科学等的基础研究，并为卫星型号任务进行前期研究；将通过充分论证，遴选有重大应用价值和重要科学意义的空间实验项目，尽早发射第一颗微重力科学和空间生命科学实验卫星，使该领域研究持续稳定地发展。

上图：我国神舟三号飞船在空间微重力环境中进行的蛋白质晶体结构测定，图为测定的步骤。

下图：在空间微重力环境中 X－射线衍射实验表明，空间生长出的蛋白质晶体有五种晶体外观和内在的质量均高于地面晶体。

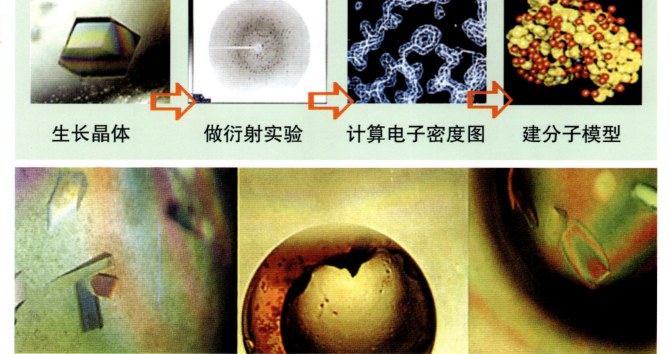

生长晶体　　　做衍射实验　　　计算电子密度图　　　建分子模型

空间生命科学领域

随着空间技术和载人航天事业的发展，人们越来越关注空间条件下微重力、强辐射和高真空等环境因子对生命体系的效应研究。我国空间生物学的研究最早始于20世纪60年代，1964—1966年间，我国共成功发射了5枚生物探空火箭，生物舱均回收成功。这些为我国空间生命科学的研究开创了先例，奠定了基础。1987年在国家"863"计划支持下，我国空间生命科学研究翻开了新的篇章。在随后的15年间，我国科学家进行了空间生命科学的广泛研究，涉及航天医学、细胞生物学、植物学、动物学、微生物学、水生生物学和放射生物学等，取得了一些显著成果。"十一五"期间，中国将在已取得一定科学积累的基础上，继续利用返回式卫星资源，发展空间生命科学与生物技术的实验平台系列，探索空间和地面的重要生命过程及其本质、空间环境对生命过程的影响、利用空间资源开发生物技术，获得一批具有重大影响的、原创性的理论和应用成果。

2003年7月2日，黑龙江农业科学院园艺研究所的专家郭亚华手捧着"太空椒"果实欣喜不已。

中国载人航天工程

中国航天事业是在基础工业比较薄弱、科技水平相对落后和特殊的国情、特定的历史条件下发展起来的。中国独立自主地进行航天活动，以较少的投入，在较短的时间里，走出了一条适合本国国情和有自身特色的发展道路，取得了一系列重要成就。中国在卫星回收、一箭多星、低温燃料火箭技术、捆绑火箭技术以及静止轨道卫星发射与测控等许多重要技术领域已跻身世界先进行列；在遥感卫星研制及其应用、通

我国自行研制的神舟号飞船返回舱

信卫星研制及其应用、载人飞船试验以及空间微重力实验等方面均取得重大成果。

载人航天工程是中华民族不畏艰难险阻、勇攀科技高峰的又一伟大壮举。它使中国成为继俄罗斯和美国之后，世界上第三个自主发展载人航天技术的国家，提升了中国航天大国的地位，极大地增强了中华民族的自豪感和凝聚力，对激发全国人民建设小康社会的热情具有重要意义。同时，载人航天工程也使中国成为国际空间俱乐部的重要成员，为即将实施的探月工程和深空探测提供了可持续发展的动力。

神舟七号飞船航天员翟志刚进行太空行走并成功返回轨道舱，这标志着中国历史上第一次太空行走成功完成。

右图：我国自行研制的神舟六号载人飞船搭载费俊龙和聂海胜，于2005年10月12日在酒泉卫星发射中心发射升空。
下图：2008年9月27日下午，翟志刚（中）、刘伯明（右）、景海鹏组成飞行乘组圆满完成神舟七号载人航天飞行任务。

中国探月工程

中国探月工程经过 10 年的酝酿,最终确定分为"绕"、"落"、"回" 3 个阶段。2007 年嫦娥一号完成了对月球表面环境、地貌、地形、地质构造与物理场进行探测。第二期工程时间定为 2007—2010 年,目标是研制和发射航天器,以软着陆的方式降落在月球上进行探测。第三期工程时间定在 2011—2020 年,目标是月面巡视勘察与采样返回。其中,前期主要是研制和发射新型软着陆月球巡视车,对着陆区进行巡视勘察。后期即 2015 年以后,研制和发射小型采样返回舱、月表钻岩机、月表采样器、机器人操作臂等,采集关键性样品返回地球,对着陆区进行考察,为下一步载人登月探测、建立月球前哨站的选址提供数据资料。

中国建立空间站

空间站是一种在近地轨道长时间运行,可供多名航天员在其中生活工作和巡访的载人航天器。按照中国载人航天计划,载人航天分三步走,即第一步,能上天;第二步,能出舱;第三步,建立小型空间站。我国有望于 2014 年用长征五号火箭把中国空间站送上太空,中国最终将建设一个基本型空间站。我国首个空间站大致包括一个核心舱、一架货运飞船、一架载人飞船和两个用于实验等功能的其他舱,总重量在 100 吨以下。其中的核心舱需长期有人驻守,能与各种实验舱、载人飞船和货运飞船对接。具备 20 吨以上运载能力的火箭才有资格发射核心舱。为此,我国将在海南文昌新建第四个航天发射场,可发射大吨位空间站。

中国预计于 2020 年以前完成建立空间站的计划。图为我国空间站的模拟图。

我国设计的准备进行月球探测的月球车模型

1984 年 2 月，邓小平在上海观看小学生操作电子计算机时说："计算机的普及要从娃娃做起。"

4 实施《科学素质纲要》 推动公民科学素质建设

2006年2月6日,国务院发布了《全民科学素质行动计划纲要（2006—2010—2020年）》（以下简称《科学素质纲要》）。全民科学素质行动计划旨在全面推动我国公民科学素质建设,通过发展科学技术教育、传播与普及,尽快使全民科学素质在整体上有大幅度的提高,实现到21世纪中叶我国成年公民具备基本科学素质的长远目标。公民具备基本科学素质一般指了解必要的科学技术知识,掌握基本的科学方法,树立科学思想,崇尚科学精神,提高处理实际问题、参与公共事务的能力。提高公民科学素质,对于增强公民获取和运用科技知识的能力、改善生活质量、实现全面发展,对于提高国家自主创新能力、建设创新型国家、实现经济社会全面协调可持续发展、构建社会主义和谐社会,都具有十分重要的意义。

我国科学界前辈十分重视科普教育。图为桥梁专家茅以升向儿童讲解科学知识。

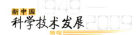

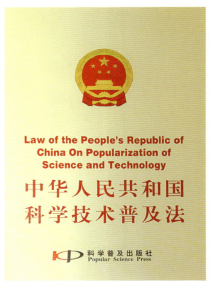

《科普法》出版物

国家颁布《科普法》

　　2002年6月29日，中华人民共和国第九届全国人民代表大会常务委员会第二十八次会议通过《中华人民共和国科学技术普及法》（简称《科普法》）。这是我国科普事业发展史上的里程碑，标志着科普工作走上了法制化的轨道。《科普法》是在我国几十年来科学技术普及工作的政策实践基础上，针对我国国情制订的一部重要法律。这部法律的出台，对于实施科教兴国和可持续发展战略，加强科学技术普及工作，提高全民的科学文化素质，推动经济发展和社会进步具有重大意义。为进一步学习贯彻落实《科普法》，了解《科普法》的内容，全国人大教科文卫委员会专门组织编写了《中华人民共和国科学技术普及法释义》，供社会各界特别是科普界开展工作学习时参考。

科技活动周在全国启动。图为杭州市民在科技活动周期间咨询医疗卫生知识。

国务院颁布《科学素质纲要》

　　我国根据党的十六大和十六届三中、四中、五中全会精神，依照《中华人民共和国科学技术普及法》和《国家中长期科学和技术发展规划纲要（2006—2020年）》，制定并实施《全民科学素质行动计划纲要（2006—2010—2020）》（简称《科学素质纲要》）。

　　《科学素质纲要》提出，"科学素质是公民素质的重要组成部分。公民具备基本科学素质一般指了解必要的科学技术知识，掌握基本的科学方法，树立科学思想，崇尚科学精神，并具有一定的应用它们处理实际问题、参与公共事务的能力"。这是在综合分析国内外学术界关于科学素质定义的基础上，从国家基本国情出发，对科学素质内涵作出的界定。

科普日活动中与机器人面对面 。2008年10月18日，在杭州市科技交流馆举行的机器人展上，观众与迎宾机器人进行交流。 当日，2008杭州全国科普日机器人展在杭州市科技交流馆举行，展览展出十余台各种造型和功能的机器人，吸引众多市民到场参观。

科普大篷车

2000 年，中国科协开始研制生产科普大篷车，截至 2008 年底，已向全国各地配发了 190 辆科普大篷车，包括 I 型和 II 型两种车型。累计行程 760 多万千米，开展科普服务活动总数 2 万余次，受惠群众超过 2800 万人次。2008 年开始研制的 III 型车是主题式科普大篷车，如最近在内蒙古试点巡展的两辆科普大篷车，有着各自的主题，一辆是"节约能源资源"，另一辆是"保护生态环境"，分别搭载着与各自的主题相关的科学体验、动手实验、科普展板和科普动画片等科普资源，集展览展示、互动参与、科普剧表演于一体，受到了广大公众和科普工作者的欢迎，被形象地称为流动的科技馆。

上图：科普大篷车走进新疆
下图：科普大篷车走进西藏

上图：科普大篷车走进云南少数民族地区
下图：科普大篷车向公众宣传科普知识

上图：随着国家《科普法》的颁布，西安市要求全市中小学建立科技室，它对推动青少年普及科技知识、提高科技能力有着关键性作用。图为2002年12月26日，西安车辆厂中学科技室刚一开馆，就深深吸引了前来参观的同学们。

下图：科普活动进校园

开展科普日与科普周活动

为深入贯彻党的十六大精神，纪念《科普法》颁布实施一周年，努力在全社会营造热爱科学、学习科学、运用科学的良好氛围，从2003年起，中国科协组织各级科协和学会在全国范围内开展了全国科普日活动。为持续做好这项群众性、社会性科普活动，中国科协决定从2005年起，将每年9月第三周的公休日定为全国科普日。近年来，全国科普日主要围绕"节约能源资源，保护生态环境，保障安全健康"的主题开展多种形式的活动。

科技活动周是国家于2001年开始设立并组织实施的全国范围的群众性科技活动。每年的5月中旬举办一年一度的国家科技活动周，科技活动周对弘扬科学精神、传播科学思想、普及科学知识、倡导科学方法具有十分重要的意义，对提高人民群众的科学文化素质，全面建设小康社会具有积极的推动作用。

中国科技馆新馆建成

2006年5月9日，中国科技馆新馆举行奠基典礼。中国科技馆新馆是"十一五"期间，由政府投资建设的大型科普教育场馆。新馆建筑由北京建筑设计研究院和美国RTKL国际有限公司联合设计，主体为一体量较大的单体正方形，利用若干个积木般的块体相互咬合，使整个建筑呈现出一个巨大的鲁班锁造型，体现了人与自然和科技之间的内在联系，也象征着科学没有绝对的界限，学科之间相互融合、相互促进。新馆位于国家奥林匹克公园内，东临亚运居住区，西临奥运水系，南依奥运主体育场，北望森林公园，占地4.8万平方米，建筑规模10.2万平方米，是北京2008年奥运会的相关附属设施之一，是体现"绿色奥运、人文奥运和科技奥运"三大理念的重要组成部分。新馆建设是中国科技馆发展历程中的又一个里程碑，也是中国科普事业中的一件大事，对增强我国科普能力建设，提高公民科学素质，贯彻落实科教兴国战略和人才强国战略，宣传科学发展观，构建社会主义和谐社会都会起到重要的作用。

中国科学技术馆新馆

第六章
国家科学技术奖

中国载人航天工程获 2003 年国家科技进步奖特等奖

国家科学技术奖的由来

1950—1966 年，国家先后发布了《中华人民共和国发明奖励条例》等重要条例，初步创建起了国家科技奖励制度。像"原子弹"、"氢弹"等重大发明都是在这一时期产生的。

1978 年开始，我国对科技奖励制度进行了进一步的改革和完善。1984 年颁布的《中华人民共和国科学技术进步奖励条例》是我国第一个全面的科技奖励条例，而 1993 年颁布的《中华人民共和国科学技术进步法》则进一步奠定了科技奖励制度的法律地位。

1979—1999 年的 20 年间，我国的科技奖励制度取得了丰硕的成果，相继有 6 万多人获得了国家科技奖励，奖励科技成果 12582 项。

1999 年国家对科技奖励制度再次进行了重大改革。取消了部门设奖，调整奖项设置，增设了国家最高科学技术奖。国家最高科学技术奖是我国目前级别最高的科学技术奖项，每年授予人数不超过两名，由国家最高领导人亲自颁奖。获奖者都是在当代科技前沿取得重大突破或者在科技创新和科技成果转化中创造巨大经济或社会效益的中国公民。获奖者的奖励金额为 500 万元人民币。

2003 年 12 月 20 日，新的《国家科学技术奖励条例》对奖项设置再次调整，在国家自然科学奖、技术发明奖、科技进步奖中增设了特等奖。加大对在科学技术领域作出特别重大科学发现或者技术发明、具有特别重大意义的科学技术项目的奖励力度，赋予他们更高的荣誉。

2005 年起，为适应科技发展战略调整和市场经济体制的不断完善，我国对国家科技奖励制度及其评审体系进行了改革和完善，将重点建立科技网络推荐系统，引入海外专家直接参与网络评审，并调整自然科学奖励方向，以项目奖励和人物奖励并重，加大表彰工人、农民的技术革新成果，并正式将科普工作纳入国家科技进步奖的奖励范围。成立科技奖励监督委员会，保证国家科技奖励的公正性。

国家科学技术奖五大奖项

新中国科学技术发展历程（1949—2009）

上图：袁隆平（左）

下图：吴文俊

「1 最高科学技术奖」

每年授予人数不超过 2 名，获奖者必须在当代科技前沿取得重大突破，或者在科技创新和科技成果转化中，创造巨大经济或社会效益。

2000 年国家最高科学技术奖

袁隆平（1930—）杂交水稻育种专家，中国工程院院士。1964 年开始研究杂交水稻，1973 年实现三系配套，1974 年育成第一个杂交水稻强优组合南优 2 号，1975 年研制成功杂交水稻制种技术，从而为大面积推广杂交水稻奠定了基础。1985 年提出杂交水稻育种的战略设想，为杂交水稻的进一步发展指明了方向。1987 年任"863"计划两系杂交稻专题的责任专家，1995 年研制成功两系杂交水稻，1997 年提出超级杂交稻育种技术路线，2000 年实现了农业部制定的中国超级稻育种的第一期目标，

2004年提前一年实现了超级稻第二期目标。先后获得"国家特等发明奖"、"首届最高科学技术奖"等多项国内奖项和联合国"科学奖"、"沃尔夫奖"、"世界粮食奖"等11项国际大奖。

吴文俊（1919—）数学家，中国科学院学部委员（院士）。20世纪50年代在示性类、示嵌类等研究方面取得吴文俊公式、吴文俊示性类等一系列突出成果，并有许多重要应用。70年代创立了几何定理机器证明的"吴方法"，影响巨大，有重要应用价值，引起数学研究方式的变革。

2001年国家最高科学技术奖

黄昆（1919—2005）中国科学院学部委员（院士），物理学家，中国固体物理学和半导体物理学的奠基人之一。1950年，首次提出多声子的辐射和无辐射跃迁的量子理论。该理论与苏联佩卡尔发表的有关辐射的理论，被国际学术界称为"黄—佩卡尔理论"或"黄—里斯理论"。1951年，黄昆首次提出晶体中声子和电磁波的耦合振荡模式，为1963年国际上拉曼散射实验所证实，被命名为一种元激发——极化激元，所提出的运动方程，被国际上称为"黄方程"。十多年中，他与年轻的同事合作，先后在多声子跃迁理论和量子阱超晶格理论方面取得新的成就。以他为学术带头人，半导体研究所成立了我国半导体超晶格国家重点实验室，开创并发展了我国在这一材料学和固体物理学中的崭新领域的研究工作。

王选（1937—2006）计算机专家，中国科学院学部委员（院士）、中国工程院院士。1975年以前，从事计算机逻辑设计、体系结构和高级语言编译系统等方面的研究。1975年开始主持华光和方正型计算机激光汉字编排系统的研

制，用于书刊、报纸等正式出版物的编排。针对汉字字数多、印刷用汉字字体多、精密照排要求分辨率很高所带来的技术困难，发明了高分辨率字型的高倍率信息压缩和高速复原方法，并在华光IV型和方正91型、93型上设计了专用超大规模集成电路实现复原算法，显著改善系统的性能价格比。领导研制的华光和方正系统在中国报社和出版社、印刷厂逐渐普及，并输出到中国港、澳、台地区以及美国和马来西亚，为新闻出版全过程的计算机化奠定了基础。

黄昆

王选（右）

新中国科学技术发展历程（1949—2009）

金怡濂

刘东生

王永志

2002 年国家最高科学技术奖

金怡濂（1929—）计算机专家，中国工程院首批院士。作为运控部分负责人之一，参加了我国第一台通用大型电子计算机的研制，此后长期致力于电子计算机体系结构、高速信号传输技术、计算机组装技术等方面的研究与实践，先后主持研制成功多种当时居国内领先地位的大型计算机系统。在此期间，他提出具体设计方案，作出很多关键性决策，解决了许多复杂的理论问题和技术难题，对我国计算机事业尤其是并行计算机技术的发展贡献卓著。

2003 年国家最高科学技术奖

刘东生（1917—2008）地球环境科学专家，中国科学院学部委员（院士）。从事地学研究近60年，对中国的古脊椎动物学、第四纪地质学、环境科学和环境地质学、青藏高原与极地考察等科学研究领域，特别是黄土研究方面做出了大量的原创性研究成果，使中国在古全球变化研究领域中跻身世界前列。

王永志（1932—）航天技术专家，中国工程院院士。1961年回国以来一直从事航天技术工作，1992年至今任中国载人航天工程总设计师，是我国载人航天工程的开创者之一和学术技术带头人。40多年来在我国战略火箭、地地战术火箭以及运载火箭的研制工作中作出了突出贡献，特别是在载人航天工程中作出了重大贡献。

2004 年国家最高科学技术奖

（空缺）

2005 年国家最高科学技术奖

叶笃正（1916—）气象学家，中国科学院学部委员（院士）。早期从事大气环流和长波动力学研究，继 C.G.罗斯贝之后，提出了长波的能量频散理论，是对动力气象学的重要贡献。20 世纪 50 年代，和 Flohn 分别独立地提出了青藏高原在夏季是个热源的见解，由此开拓了大地形热力作用的研究。1958 年与陶诗言等提出了北半球大气环流的季节性突变，引出对此一系列的研究。60 年代对大气风场和气压场的适应理论作出了重要贡献。自 70 年代后期起，从事地—气关系和从事并倡导全球变化的研究，使中国这方面研究在国际上占有一席之地，是"八五"国家重大基础研究项目《我国未来（20～50 年）生存环境变化趋势预测研究》的首席科学家。

吴孟超（1922—）医学家，中国科学院学部委员(院士)。我国肝胆外科主要创始人之一。50 年代最先提出中国人肝脏解剖"五叶四段"新见解；60 年代首创常温下间歇肝门阻断切肝法并率先突破人体中肝叶手术禁区；70 年代建立起完整的肝脏海绵状血管瘤和小肝癌的早期诊治体系，较早应用肝动脉结扎法和肝动脉栓塞法治疗中、晚期肝癌；80 年代建立了常温下无血切肝术、肝癌复发再切除和肝癌二期手术技术；90 年代在中晚期肝癌的基因免疫治疗、肝癌疫苗、肝移植等方面取得了重大进展，并首先开展腹腔镜下肝切除和肝动脉结扎术。

2006 年国家最高科学技术奖

李振声（1931 —）小麦育种专家，中国科学院学部委员（院士）。育成小偃麦 8 倍体、异附加系、异代换系和异位系等杂种新类型；将偃麦草的耐旱、耐干热风、抗多种小麦病害的优良基因转移到小麦中，育成了小偃麦新品种四、五、六号，小偃六号到 1988 年累计推广面积 5400 万亩，增产小麦 32 亿斤；建立了小麦染色体工程育种新体系，利用偃麦草蓝色胚乳基因作为遗传标记性状，首次创制蓝粒单体小麦系统，解决了单体小麦利用过程中长期存在的"单价染色体漂移"和"染色体数目鉴定工作量过大"两个难题；育成自花结实的缺体小麦，并利用其缺体小麦开创了快速选育小麦异代换系的新方法——缺体回交法，为小麦染色体工程育种奠定了基础。

叶笃正（左），吴孟超

李振声

吴征镒

闵恩泽

2007 年国家最高科学技术奖

吴征镒（1916—）植物学家，中国科学院学部委员（院士），中国工程院院士。论证了我国植物区系的三大历史来源和15种地理成分，提出了北纬20°～40°间的中国南部、西南部是古南大陆、古北大陆和古地中海植物区系的发生和发展的关键地区的观点；主编的《中国植被》是植物学有关学科及农、林、牧业生产的一部重要科学资料；组织领导了全国特别是云南植物资源的调查，并指出植物的有用物质的形成和植物种原分布区及形成历史有一定相关性；主编了若干全国性和地区性植物志。最近，提出了"东亚植物区"的概念，认为是一最古老的植物区；还提出了被子植物起源"多系—多期—多域"的理论。

闵恩泽（1924—）石油化工催化剂专家，中国科学院学部委员（院士）、中国工程院院士。20世纪60年代开发成功磷酸硅藻土叠合催化剂、铂重整催化剂、小球硅铝裂化催化剂、微球硅铝裂化催化剂，均建成工厂投入生产。70～80年代领导了钼镍磷加氢催化剂、一氧化碳助燃剂、半合成沸石裂化催化剂等的研制、开发、生产和应用。1980年以后，指导开展新催化材料和新化学反应工程的导向性基础研究，包括非晶态合金、负载杂多酸、纳米分子筛以及磁稳定流化床、悬浮催化蒸馏等，已开发成功己内酰胺磁稳定流化床加氢、悬浮催化蒸馏烷基化等新工艺。90年代，曾任国家自然科学基金委员会"九五"重大基础研究项目"环境友好石油化工催化化学和反应工程"的主持人，进入绿色化学领域，指导化纤单体己内酰胺成套绿色制造技术的开发，已经工业化，取得重

大经济和社会效益。近年指导开发从农林生物
质可再生资源生产生物柴油及化工产品的生物
炼油化工厂，再推向工业化。

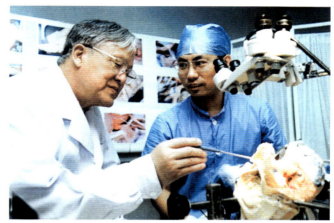

王忠诚(左)

2008 年国家最高科学技术奖

王忠诚（1925—）神经外科专家，中国
工程院院士。20 世纪 50 年代，在我国开展脑
血管造影新技术，提高了颅内病变的确诊率，
1965 年出版了我国第一部神经外科专著《脑血
管造影术》，推动了我国神经外科的发展。70
年代，在国内开展了脑血管病的外科治疗，脑
血管吻合术治疗缺血性脑血管病、巨大动脉瘤
及多发动脉瘤的手术切除、脑血管畸形的综合
治疗等方面，都有新建树。80 年代以来，潜心
研究脑干肿瘤这个手术禁区的治疗方法，继而
对脊髓内肿瘤进行了研究，成功地施行了手术
治疗。这两项治疗从病例数量、手术方法及所得
结果诸方面，均达到国际先进水平。

徐光宪（1920—）化学家，中国科学院学
部委员（院士）。长期从事物理化学和无机化学
的教学和研究，涉及量子化学、化学键理论、配
位化学、萃取化学、核燃料化学和稀土科学等领
域。通过总结大量文献资料，提出普适性更广的
（nxcπ）格式和原子共价的新概念及其量子化
学定义，根据分子结构式便可推测金属有机化
合物和原子簇化合物的稳定性。建立了适用于
研究稀土元素的量子化学计算方法和无机共轭
分子的化学键理论。合成了具有特殊结构和性
能的一系列四核稀土双氧络合物。在串级萃取
理论、协同萃取规律、萃取机理研究方法及萃取
分离稀土工艺等方面，都有大量的研究成果。

徐光宪（中）

2 自然科学奖

自然科学奖侧重于基础研究和应用基础研究领域，例如数理化、天文、地质等学科；用来表彰在自然现象、特征、规律的探究中做出重大科学发现的公民。

4 科学技术进步奖

在三大奖中，科学技术进步奖则是门类广泛的一项，包括技术开发、社会公益、国家安全和重大工程等多个领域。用以表彰在完成重大科技成果、科技工程、计划方面，或者在推广先进科技成果方面，作出突出贡献的公民和组织。

3 技术发明奖

技术发明奖授予在产品、工艺、材料、系统等几方面作出重大技术发明的公民。

5 国际科学技术合作奖

授予那些对中国科学技术事业作出重要贡献的外国人或者外国组织。知名的华裔科学家杨振宁就曾经获得此奖。

图书在版编目（CIP）数据

新中国科学技术发展历程：1949—2009/ 邓楠主编. 北京：中国科学技术出版社， 2009.9
ISBN 978-7-5046-5515-8
Ⅰ.新... Ⅱ.邓... Ⅲ.自然科学史－中国－1949—2009 Ⅳ.N092
中国版本图书馆 CIP 数据核字（2009）第 161237 号

本社图书未贴防伪标志的为盗版图书

中国科学技术出版社出版

北京市海淀区中关村南大街 16 号　　邮政编码：100081

http://www.kjpbooks.com.cn

电话：62173865 62179148

科学普及出版社发行部发行

北京华联印刷有限公司印刷

开本：889mm × 1194mm　1/16　印张：16.75　字数：400 千字

2009 年 9 月第 1 版　2009 年 9 月第 1 次印刷

印数：1－5000 册　　定价：168.00 元

ISBN 978-7-5046-5515-8/N·125